四川核桃
高效栽培技术

SICHUAN HETAO
GAOXIAO ZAIPEI
JISHU WENDA

主编◎王景燕　龚　伟

四川科学技术出版社

图书在版编目（CIP）数据

四川核桃高效栽培技术问答／王景燕，龚伟主编.
－－ 成都：四川科学技术出版社，2023.8
ISBN 978－7－5727－1133－6

Ⅰ．①四… Ⅱ．①王… ②龚… Ⅲ．①核桃－果树园艺
Ⅳ．①S664.1

中国国家版本馆 CIP 数据核字（2023）第 166781 号

四川核桃高效栽培技术问答

主　编	王景燕　龚　伟
出 品 人	程佳月
责任编辑	胡小华
责任出版	欧晓春
出版发行	四川科学技术出版社

成都市锦江区三色路 238 号　邮政编码　610023
官方微博 http://weilo.com/sckjcbs
官方微信公众号 sckjcbs
传真 028－86361756

成品尺寸	145 mm×210 mm
印　张	7.25　字数 140 千
印　刷	成都一千印务有限公司
版　次	2023 年 8 月第 1 版
印　次	2023 年 10 月第 1 次印刷
定　价	32.00

ISBN 978－7－5727－1133－6

邮购：成都市锦江区三色路 238 号新华之星 A 座 25 层　邮政编码：610023
电话：028－86361770

编写人员名单

主　编　王景燕　龚　伟

副主编　吴春艳　李　涛　韩华柏

编写人员　李　强　惠文凯　杨　桦　李　俊

　　　　　李海平　卢帅杰　卢　琪　邱　静

　　　　　徐　静　罗永飞　迟西文　唐　蓉

前 言

　　核桃仁（以下简称核仁）以其丰富的营养、独特的风味和多种保健功能，被列为世界四大干果之首。核桃是我国重要的经济林树种之一，栽培历史悠久，种质资源丰富。核桃体高大，能防风固沙，树皮、枝叶及外果皮都有很高的药用价值，特别是果仁的独特营养价值，长期以来深受人们喜爱。

　　四川省是我国核桃主要栽培区和种质资源富集区，栽培面积已经突破 100 万公顷，位居全国各省区市第二位；年产核桃干果60.58 万吨，位列全国第三（截至 2020 年）。核桃产业在全省山区脱贫攻坚和乡村振兴中具有举足轻重的地位。但是由于四川核桃种质资源多，气候类型复杂，在产业发展中存在立地条件选择不当、品种良莠不齐、栽培管理滞后、单产低、商品价值和经济效益不高、缺乏市场竞争力等实际问题，直接影响核桃产业的健康可持续发展。

　　核桃栽培管理技术的高低直接影响核桃园的经济效益的好坏，为让广大种植户更好地了解、掌握核桃生产技术，提高核桃的产量和品质，增加效益，编者根据多年从事核桃科学研究和生产实践的经验，编写了本书，希望能为四川核桃生产起到一定的指导作用。

本书主要介绍了四川省主要栽培核桃种类和品种、核桃苗木繁育、建园技术、土肥水管理、整形修剪、花果管理、主要病虫害防治及自然灾害防御、采收、贮藏与加工等方面的内容，突出了各个栽培环节的关键技术要点，以问答的形式进行说明。本书内容全面，通俗易懂，深入浅出，实用性强，适合广大核桃种植户学习参考。

本书获得了四川省林草种苗站（原四川省林木种苗站）、四川省科技扶贫（下乡）万里行、巴中市市校合作、中央财政林业科技推广、雅安市市校合作、四川农业大学"双支计划"、四川省科技计划等相关核桃项目的支持。在本书编写过程中，参考和引用了国内相关研究著作、学术论文等文献，在此向给予支持的相关部门及文中引用的相关文献作者表示诚挚的感谢。

由于笔者编写水平有限，加之时间仓促，书中疏漏之处，敬请各位同行和读者批评指正。

编　者

2023 年 6 月

目　录

第一章　核桃概述

1. 核桃是什么类型的经济林树种?

生产中广泛栽培的核桃（*Juglans regia* L.）和泡核桃（*Juglans sigillata* Dode）及两者的杂交后代都属于胡桃科（*Juglandaceae*）胡桃属（*Juglans*）树种，它们在生产中和市场上均被称为核桃。核桃是种质资源极为丰富的落叶果树，在中国栽培历史悠久、分布广泛，被称为"木本油料"和"铁杆庄稼"，已成为山区林业生产的重要经济树种。

核仁是药食同源的果品，是世界著名的四大干果（核仁、腰果、杏仁和榛子）之一，富含脂肪、蛋白质和多种维生素、微量元素，不仅含有人体所需的必需氨基酸，而且还含有预防心脑血管、改善Ⅱ型糖尿病等所需的必需脂肪酸（亚油酸和亚麻酸）、总酚和黄酮等成分，具有很高的营养价值及保健作用，深受广大消费者的喜爱。核桃木材质地坚韧，纹理美观，不翘不裂，为制作高级家具和乐器的珍贵材料。其树皮、叶片、青皮和枝条等，可提炼鞣酸、烤胶和香科。近年来，我国核桃产业快速发展，种植面积和产量均稳居世界第一。核桃已成为很多市（县）的支柱产业和群众收入的主要来源，在当地农业种植结构调整、增加农民收入及出口创汇等方面发挥着重要作用。

2. 核桃在全世界的分布及产量是怎样的?

核桃是世界重要的坚果树种，全世界约有 23 个核桃属植物，分布和栽培在亚洲、欧洲、美洲、非洲及大洋洲的 50 多个国家。其中，食用型核桃在核桃属树种中经济价值最高，分布范围也最广，具体分布详见表 1。

表 1　世界核桃分布情况

区域	国家
亚洲	中国、印度、阿富汗、伊朗、土耳其、韩国、乌兹别克斯坦、吉尔吉斯斯坦、尼泊尔、巴基斯坦
欧洲	希腊、保加利亚、罗马尼亚、捷克、斯洛伐克、匈牙利、波兰、德国、法国、意大利、瑞士、比利时、西班牙、俄罗斯、白俄罗斯、乌克兰、摩尔多瓦、格鲁吉亚、阿塞拜疆、亚美尼亚、斯洛文尼亚、克罗地亚、埃及、葡萄牙、黑山、波斯尼亚和黑塞、哥维那、塞尔维亚、北马其顿、塞浦路斯
北美洲	美国、墨西哥
南美洲	阿根廷、巴西、智利
大洋洲	澳大利亚、新西兰
非洲	摩洛哥

总体来看，世界核桃的主要产区是亚洲、北美洲、欧洲和南美洲。亚洲是世界核桃最大的种植区域，增长速度也是最快的，以中国、伊朗、印度、土耳其为主；其次是北美洲的美国、墨西哥；再次是欧洲的法国、乌克兰、摩尔多瓦、罗马尼亚、希腊等；南美洲、大洋洲、非洲的核桃种植面积相对较小，但增长速度较快。

根据联合国粮农组织（FAO）资料，2022 年世界核桃产量达到 330 万吨，其中亚洲、北美洲和欧洲的栽培面积大、产量高（约占世界总产量的 98.77%）。产量前 10 位的国家有中国（110 万吨）、美国（70.8 万吨）、伊朗（35.7 万吨）、土耳其（28.7 万吨）、墨西哥（16.5 万吨）、智利（15.8 万吨）、乌克兰（11.3 万吨）、罗马尼亚（4.8 万吨）、乌兹别克斯坦（4.7 万吨）、希腊（3.6 万吨）。

3. 核桃的经济价值有哪些?

核桃是适应性极强、荒山荒地荒滩均可栽植、不与粮棉争地的重要油料树种，核仁具有丰富的营养价值和良好的健脑效果。其经济价值主要体现在以下几方面：

（1）营养价值

核仁的营养成分丰富，营养保健功能明显，含有丰富的人体必需的优质脂肪、蛋白质、粗纤维、多种维生素、矿质元素和脂肪酸等成分，是世界公认的优良营养健康食品，具有健脑益智、预防心脑血管疾病、抗癌、补肾强体、抗衰老、美容等功效，受到各国广大消费者的喜爱，被誉为"长寿果""万岁子""大力士食品""天然脑黄金"。

核仁中 86% 的脂肪是不饱和脂肪酸，富含铜、镁、钾、维生素 B_6、叶酸和维生素 B_1，也含有纤维、磷、烟酸、铁、维生素 B_2 和泛酸。每 50 克核仁中，含水分 1.8 克、蛋白质 7.2 克、脂肪 31 克和碳水化合物 9.2 克。核仁还含粗蛋白 22.18%，其中可溶性蛋白质的组成以谷氨酸为主，其次为精氨酸和天冬氨酸。核仁含粗脂类 64.23%，其中中性脂类占 93.05%；中性脂类中三酰甘油占 82.05%，甾醇脂占 3.86%，游离脂肪酸占 4.80%。总脂和中性脂类中脂肪酸组成主要为 64.48%～69.95% 的亚酸和

13.89%～15.36%的油酸；三酰甘油所含脂肪酸主要为亚麻酸；甾醇酯非皂化部分主要为β-谷甾醇，并含有少量的菜油甾醇、豆甾醇、燕麦甾-5-烯醇、豆甾-7-稀醇；13%的糖类；多种游离的必需氨基酸；异亮氨酸、亮氨酸、色氨酸、苯丙氨酸、缬氨酸、苏氨酸及赖氨酸等的含量为总氨基酸的47.50%。核仁还含1，4-萘醌、胡桃叶醌、4-羟基-1-萘基-β-D-吡喃葡萄糖苷、4，8-二羟基-1-萘基-β-D-吡喃葡萄糖苷，未成熟果实富含维生素C。果皮含水杨酸、对-羟基苯甲酸、香草酸、龙胆酸、对-羟基苯基酸、没食子酸、对-香豆酸、阿魏酸、咖啡酸、芥子酸、原儿茶酸、丁香酸和绿原酸。

（2）药用价值

中医学认为，核仁性温，味甘，具有补肾固精、温肺定喘、润肠通便的功效，常用于治疗肾虚喘嗽、腰痛腿软、阳痿遗精、小便频数、大便燥结、石淋结石等症。《神农本草经》将核仁列为久服轻身益气、延年益寿的上品。唐代《食疗本草》记述，吃核仁可以开胃，通润血脉，使骨肉细腻。明代《本草纲目》记述，核仁有"补气养血，润燥化痰，益命门，处三焦，温肺润肠，治虚寒喘咳，腰脚重疼，心腹疝痛，血痢肠风"等功效。核桃的枝、叶和坚果内横隔是传统中药材。

此外，核桃枝条制剂能增加肾上腺皮质的作用，并提高体液的调节能力；核桃叶提取物有杀菌消炎，治疗皮肤病及肠胃病等作用；核桃根皮制剂为温和的泻剂，可用于治疗慢性便秘；核桃皮可单独熬水治瘙痒，若与枫杨树叶共熬水，可治疗肾囊风等；核桃青皮含有某些药物成分，在中医验方中，称为"青龙衣"，可治疗一些皮肤病及胃神经疾病等。

（3）油用价值

核仁的脂肪含量为 60% ~ 70%，脂肪酸主要由棕榈酸（8%）、硬脂酸（2%）、油酸（18%）、亚油酸（63%）和 α - 亚麻酸（9%）组成，其中不饱和脂肪酸的含量可达到 90%。必需脂肪酸（亚油酸和亚麻酸）的含量达 72%，其对维持身体健康，调节身体机能有重要作用，是大脑组织细胞的主要结构脂肪，能软化血管，预防高血压和心脏病，具有"动脉清道夫"的美誉。近年来大量研究表明，脂肪酸组成中的 ω - 3 和 ω - 6 不饱和脂肪酸比例为 1∶4 ~ 6 时对健康最有益，对预防心脑血管疾病有较好的作用。与其他植物油脂相比，核桃油的脂肪酸组成较理想，是优质和健康的植物油脂。

（4）工业价值

随着工业化的发展，煤炭、石油、天然气等能源消耗迅速，人类社会的可持续发展受到严重威胁，开发再生能源是人类社会面临的重要任务。核桃含油量在 60% 以上，是生物液体燃料的潜在树种。

核桃木材质地坚硬，纹理细致，伸缩性小，抗冲击力强，不翘不裂，不受虫蛀，是航空、交通和军事工业的重要原料。因其质坚、纹细、富弹性、易磨光，是制作乐器的材料。近年来，核桃木材经加工处理，用于高档轿车、火车车厢、飞机螺旋桨、仪器箱盒、室内装修等，用途范围还在不断扩大。

核桃的树皮、叶片和果实青皮含有大量的单宁物质，可提炼鞣酸和制取烤胶，用于染料、制革、纺织等行业；果壳可烧制成优质的活性炭，是国防工业制造防毒面具的优质材料；用核桃果壳生产的抗聚剂代替木材生产的抗聚剂，用于合成橡胶工业，可以减少木材的消耗和对森林的破坏。

（5）生态价值

核桃冠多呈半圆形，枝干秀挺，国内外常作为行道树或观赏树种，在山坡丘陵地区栽植，具有涵养水源、保持水土的作用。核桃是具有很强防尘功能的环保树种，成片核桃林在冬季无叶的情况下能减少降尘28.4%，春季展叶后可减少降尘44.7%。核桃是优化农业种植结构、绿化荒山荒滩的重要生态经济树种，全国20多个省区市都有分布和栽培，其对实现国土绿化，增加森林覆盖率和木材蓄积量具有显著而深远的影响。

（6）工艺价值

近年来，随着人民生活水平的提升，利用麻核桃、铁核桃、核桃楸等坚果制成各种把玩、饰品、雕刻、贴片、挂件等文玩工艺品越来越受到消费者的欢迎。如麻核桃，属于非食用工艺核桃，在国内文玩市场中占有重要地位。此外，以核桃楸、铁核桃为原料制作的玩品、雕品、饰品、挂件、贴片等工艺品，更是琳琅满目，成为文玩市场中的新亮点，为核桃的开发利用、增加农民收入、丰富市民生活开辟出了新的空间。

（7）其他利用价值

核桃全身都是宝，除用于人们熟悉的食品工业、药用、园林绿化、木材加工、化工、工艺美术等领域外，叶可用作牲畜饲料；叶和青皮浸出液可防治象鼻虫和蚜虫，抑制微生物生长；总苞（青皮）含有丰富的维生素，可作为提取 B 族维生素的原料；雄花序可制作美味的菜品；花粉含有大量的糖类、脂肪、蛋白质和多种矿质元素，是开发花粉保健食品的原料。

4. 中国核桃的栽培历史是怎样的？

核桃在我国栽培历史十分悠久。通过考古和遗址发掘证明，早在 2 500 万年以前或更早我国就已有 6 个核桃树种存在，早在 7 000 多年前我国就有核桃生长。目前，采用表型和分子标记方法证明西藏东南部、喜马拉雅山南麓、四川西南部、云南西北部和新疆北部存在着核桃天然群体，我国横断山脉很可能是世界野生核桃的初生基因中心，这是对核桃起源的新认识。

有关核桃栽培的记载最早来源于马融（公元 1～2 世纪）所说的"胡桃自零"，表明那时的人们就已经开始观察核桃的结果习性了；晋代郭义恭所著的《广志》（公元 3 世纪写成）一书中记载："陈仓胡桃，薄皮多肌，阴平胡桃，大而皮脆，急捉碎。"表明当时秦巴山区的人们已经开始选择皮薄肉厚的核桃品种种植了，并且开始按产区评价核桃的品质。在栽培技术方面，《群芳谱》中记载："核桃种植选平日实佳者，留树弗摘，俟其自落，青皮自裂，又捡壳光纹浅体重者，掘地二三存，入粪一碗，铺瓦片，种一枚，覆土踏实，水浇之。"这些均表明我国早在公元 1 世纪就已经在进行核桃的经济栽培，且核桃是人们非常喜爱的古老树种。

5. 中国核桃的分布及栽培范围如何？

我国核桃分布范围广。除海南、上海、广东、黑龙江等省市外，从北纬 21°29′的云南勐腊到北纬 44°54′的新疆博乐，纵跨纬度 23°25′；西起东经 75°15′的新疆塔什库尔干，东至东经 124°21′的辽宁省丹东，横跨经度 49°06′，均有核桃栽培和分布，包括辽宁、天津、北京、河北、山东、山西、陕西、宁夏、青海、甘肃、新疆、河南、安徽、江苏、湖北、湖南、广西、四川、贵州、云南及西藏等 21 个省区市。从垂直分布来看，从海平面以下约 30 米的新疆吐鲁番布拉克村到海拔 4 200 米的西藏拉孜，相对高差达 4 230 米。

我国核桃主要产区在云南、陕西、山西、四川、河北、甘肃、新疆等省区。按地理气候因素、生物学特性、社会经济因素、栽培规模，结合行政区划，我国核桃自然分布和栽培区域可分为西南、西北、东部沿海和华中 4 个栽培区。

（1）西南区

包括云南、四川、贵州、重庆、西藏、广西等，产量占全国总产量的近43%，是我国的主要产区，最适宜种植泡核桃。2020年，云南省核桃种植面积达 4 303 万亩①，产量 112.5 万吨，产值412 亿元，是我国核桃生产第一大省。

（2）西北区

包括新疆、陕西、甘肃、山西、青海、宁夏等，产量占全国总产量的34%，其中陕西秦岭主要盛产个头大、外形饱满、毛刺多、产量高的'灯笼'品种；其他地区盛产'官帽'等品种，但个头、外形、皮质与北京等地的'官帽'区别较大。

（3）东部沿海区

包括吉林、辽宁、北京、河北、天津、山东、江苏、浙江、福建等，产量占全国总产量的15%，盛产符合文玩标准的核桃，其中以北京、河北、天津等地的文玩核桃品质最为突出。

（4）华中区

包括河南、湖北、湖南、安徽等，产量占全国总产量的8%，其中安徽省亳州市三官林区被誉为亚洲最大核桃林场。

---

① 1 亩≈666.67 平方米

6. 中国核桃之乡有哪些?

截至 2004 年年底, 国家林业局 (现国家林业和草原局) 分 3 批正式公布的 "中国核桃之乡" 共计 23 个。第 1 批于 2000 年 3 月 3 日颁布, 有新疆和田、新疆叶城、陕西洛南、云南漾濞、云南昌宁、山西汾阳、山西古县, 共 7 个; 第 2 批于 2001 年 9 月 12 日颁布, 有甘肃成县、云南大姚、河南卢氏、四川南江、云南楚雄、河北涞源、陕西黄龙、山西左权、云南南华、山东东平、重庆城口, 共 11 个; 第 3 批于 2004 年 12 月 22 日颁布, 有云南凤庆、甘肃康县、山西黎城、河北涉县、陕西镇坪, 共 5 个。

2008 年 3 月以来, 中国经济林协会命名的 "中国核桃之乡" 有 15 个, 其中陕西 4 个 (渭南市临渭区、宝鸡市陇县、宝鸡市麟游县、铜川市宜君县), 山东 3 个 (济南市历城区、临沂市费县、济宁市邹城市), 云南 2 个 (曲靖市会泽县、大理白族自治州永平县), 河北 2 个 (石家庄市赞皇县、石家庄市平山县), 山西 2 个 (阳泉市盂县、晋中市灵石县), 河南 1 个 (南阳市内乡县), 辽宁 1 个 (葫芦岛建昌县)。

另外, 还有 1 个中国薄皮核桃之乡——河北临城, 1 个中国核桃第一州——云南大理白族自治州。

7. 中国核桃主要栽培品种有哪些?

目前, 我国核桃的主栽品种是从核桃 (*J. regia* L.) 和泡核桃 (*J. sigillata* Dode) 及两者的杂交后代中选育形成的品种。核桃又名胡桃、羌桃、万岁子, 通常也称普通核桃, 在我国栽培分布很广, 以山西、河北、陕西、甘肃、河南、山东、新疆、北京等省市为集中产地。泡核桃又称铁核桃、漾濞核桃、深纹核桃,主要分布在云南、贵州、四川西部、广西西部及西藏南部等地。

我国实生选育的核桃品种有'北京861''薄丰''薄壳香''薄壳早''岱丰''金薄香3号''晋丰''晋龙1号''晋香''京香1号''客龙早''鲁果2号''绿岭''陕核1号''西扶1号''西扶2号''西林1号''珍珠核桃'等。

引进的品种主要有'爱米格（Amigo）''强特勒（Chandler）''契可（Chico）''哈特雷（Hartley）''清香''希尔（Serr）''泰勒（Tulare）''维纳（Vina）'等。

我国杂交育成的品种主要有'川早1号''川早2号''丰辉''寒丰''鲁光''香玲''辽宁1号''鲁香''元林''中林1号''云新301'等。

8. 早实核桃与晚实核桃有何区别？

从生长特性来看，早实核桃有较强的分枝能力，多为短枝型品种，树冠小，易成花，进入结果期早，丰产性强，易抽生二次枝和徒长枝，发育不充实，易遭受冻害，树形易紊乱，基部潜伏芽易抽发徒长枝；晚实核桃分枝能力较弱，树冠高大，树势旺，光秃枝较多，成花难，进入结果期迟。

从对环境条件的要求来看，早实核桃对栽培环境要求较晚实核桃严格，要求栽培在温暖湿润、土层深厚、土质肥沃、水肥供给条件较好的地方，否则抽条现象及早衰现象严重，影响树体生长、产量形成及效益提升；晚实核桃有较强的抗性，树势旺，对生长环境要求不像早实核桃那样高，即使在相对条件稍差一点的地方，也能生长结果。

从生产管理上来说，早实核桃管理重点是防抽条、防早衰；晚实核桃管理重点是促进早结果、多结果，提升效益。

从树体修剪手法上来说，早实核桃在修剪上多以长放和疏枝为主，很少短截；晚实核桃修剪时，在不影响主枝和侧枝生长的情况下应尽量多留，以形成丰满的树体结构，当辅养枝严重影响主枝和侧枝生长时，要及时疏除。

从枝量调整上来说，早实核桃要及时处理树冠中的过密枝、交叉枝、重叠枝和病虫枝，防止树冠郁闭，光照恶化；晚实核桃枝条稀疏，可采用短截、回缩等方法，修剪内膛，以增加枝量，防止光秃，提高结实能力。

从背后枝的处理来说，早实核桃一般要及时剪除背后枝，以保证主枝和侧枝正常生长；晚实核桃为开张主枝和侧枝角度，可适当应用背后枝换头。

第二章　四川核桃的种类与品种

9. 四川核桃种质资源分布如何？

核桃在四川自然分布极为广泛，除川西北高原外，几乎遍及全省各地，不同种群自然分布区亦异。其种质资源丰富，蕴藏着丰富的优良、特异种质资源。

四川西南部山区是泡核桃的重要原产地，在该地区泡核桃大面积呈野生状态。同时，该地区也是泡核桃向普通核桃过渡的天然交错地带，西昌市、盐源县、德昌县、会理县、宁南县、米易县为泡核桃的主要分布区。随着纬度的增高，泡核桃比例逐渐减少，核桃分布增多，其天然界限为沿冕宁北部、甘洛一线的大渡河中下游；从垂直分布上来看，在海拔 2 000 米以上地区有核桃分布，并随着海拔升高核桃分布逐渐增多，泡核桃分布逐渐减少，核桃分布最高海拔可达 3 000 米。

由于四川核桃分布区受高山大川阻隔，立体气候类型复杂，长期的天然杂交、演化，形成了早实与晚实两大类型并存、丰富多样的遗传类型和生态类型，在生物学特性、形态特征等方面有明显的差异，种质资源多样性明显。目前，已通过四川省林木品种审定委员会审（认）定的核桃良种有 72 个。在川西、川西北的高山峡谷地区，包括岷江上游的阿坝藏族羌族自治区（简称阿坝州）中南部，主要适宜品种有：'客龙早''薄壳早''珍珠核桃''理县香'等；在四川西南缘，东抵四川盆地，西跨横断山系，北接川西高原，南临金沙江畔，与云南省接壤，主要适宜品种有：'冕漾''盐源早''攀核 1 号''白鹤滩米核桃''巴塘金核 1 号''得荣 1 号''乡核 1 号''石棉巨型核桃''石棉指核桃'；在秦巴山区，即四川盆地北缘和东北缘，是四川盆地向青藏高原和秦巴山地的过渡地带，主要适宜品种有：'硕星''青川 1 号''旺核 1 号''川早 1 号''川早 2 号'等；四川盆地中部地区，以平坝、浅丘、深丘为主要地貌，主要适宜品种有：'云新云林''平灵 1 号''川米核''天府纸核''清香''川早 1 号''川早 2 号''川早 3 号''双早''早丰'等。

10. 四川核桃适宜栽培区是哪些地方？

四川核桃分布范围广，全省有近 150 个县（市、区）有核桃分布，从海拔 300 米到 3 000 米都有核桃生长。不同分布区生态环境存在较大差异，核桃生长、结实均存在明显的差异。生态环境较差的地区，虽然植株能够成活，但生长结实不良，经济效益不佳，栽培意义不大。根据地理气候因素、树种生物学特性、核桃栽培历史及资源状况，遵循自然条件与社会经济发展相一致、兼顾地域的连贯性及适地适树的原则，四川核桃生产适宜的栽培区域如下：

（1）四川北缘、东北缘核桃栽培区

本区位于四川盆地北缘和东北缘，是四川盆地向青藏高原和秦巴山地的过渡地带。以西北—东南走向的米仓山、大巴山及东北—西南走向的龙门山的广阔低山、深丘区为主。海拔为 600 ~ 1 200 米,包括广元市、巴中市、绵阳市的 18 个县（市、区）。本区属亚热带湿润气候区类型，年平均气温 13 ~ 16℃，年降水量 1 000 ~ 1 200 毫米，年日照数 1 400 小时左右，表现为四季分明、热量较好、降水充沛、夏季高温高湿、年日照时数偏少的气候特点。

本区是四川省传统的核桃主产区，海拔 400 ~ 1 400 米都有核桃分布和栽培。在长期的核桃栽培实践中，广大群众积累了大量的生产经验，发展核桃生产具有较好的群众基础。该区的巴中南江县和广元朝天区，核桃年产量都超过 4 000 吨，先后获得"中国核桃之乡"的称号。

（2）川西高山峡谷核桃栽培区

本区位于川西、川西北的高山峡谷地区，包括地处岷江上游的阿坝州中南部及甘孜藏族自治州（简称甘孜州）中南部的共约 16 个县。该区地域辽阔，属高海拔山区，海拔为 1 500 ~ 4 500 米,地带性土壤主要为山地褐色土、山地灰褐土和山地黄褐土。由于受地势高耸、沟谷深切、地形破碎等生态环境及立地条件所限，本区核桃分布和栽培多以河滩、阶地、坡脚、台地为主，难以大范围集中成片发展。本区为典型的干旱河谷气候类型，年平均气温 7.5 ~ 15.5℃，年降水量 400 ~ 800 毫米，年日照数 1 670 ~ 2 500 小时，相对湿度 60% ~ 70%，表现为年均气温较低、旱雨季分明、光照充足、昼夜温差大、降水量少、空气湿度小的气候特点。

本区以核桃分布为主（甘孜州个别地方存在核桃与泡核桃混

生），垂直分布为海拔 900～3 300 米。本区的生态环境和气候条件十分适宜核桃生长发育，大量核桃生长旺盛，丰产性好，病虫危害轻，核仁的蛋白质含量高，香味浓郁。

（3）川西南山地核桃栽培区

本区位于四川西南缘，东抵四川盆地，西跨横断山系，北接川西高原，南临金沙江畔，与云南省接壤，包括凉山彝族自治州（简称凉山州）和攀枝花市的 20 个县（区）。区内地貌以山地为主，西北高、东南低，海拔为 1 700～3 000 米，山高谷深、地表起伏大、高差悬殊。山地较多，拥有大量的土地资源。地带性土壤为红壤、红棕壤，发展核桃和其他林副产品潜力巨大。本区气候复杂多样。受垂直变化的影响，河谷盆地为少有的干热河谷气候，海拔 1 500～2 000 米的山地为北亚热带半湿润气候，海拔 2 000 米以上的山地为暖温带半湿润气候。年平均气温 10.2～19.4℃，年日照数 1 674～2 600 小时，≥10℃活动积温 3 915.7～7 500℃，年降水量 800～1 100 毫米，总体表现出年均气温高、既干又热、干雨季分明、日照充足、热量丰富、降水不均、蒸发强烈的气候特点。

本区是四川省泡核桃主产区（北部有少量核桃和泡核桃混生），主要分布在金沙江、雅砻江流域，垂直分布多在海拔 1 500 米以上。区内现有结果树约 400 万株，存量资源丰富，年产核桃超过 2 万吨。冕宁、盐源、木里、德昌、会理、雷波等县均属著名的泡核桃产地，年产核桃坚果均在 1 000 吨以上。由于本区具有土地资源和自然条件优势，发展核桃生产潜力巨大。四川南部紧邻长江的高县、筠连、屏山、叙永、古蔺等县主要以泡核桃分布为主，地缘相邻，气候条件有一定相似性，可并入该区。

（4）盆地中部核桃栽培区

本区泛指四川盆地中部，以平坝、浅丘、深丘为主要地貌的南充市、遂宁市、广安市、达州市、内江市、资阳市、眉山市、乐山市所辖范围的广阔区域。区内土壤主要为紫红色页岩发育的紫色土及山地黄壤，核桃资源多为房前屋后及田边地角零星分布和栽植，数量不多但分布广泛。该区年平均气温 15.8～17.8℃，年日照数 1 114～1 561 小时，年降水量 914.7～1 237.3 毫米，相对湿度 75%～82%，呈现气温偏高、降水量偏多、日照数较少、湿度偏大的气候特点，与核桃适生条件有一定差距。

本区作为四川省核桃一般栽培区，核桃生产原则上以适度发展为宜。本区应根据水热条件和适地适树原则，科学选择核桃或泡核桃的适生优良品种，精细整地，加强土、肥、水管理和病虫害防治，提高核桃栽植成效，以获取较好的经济收益。

11. 四川核桃生产情况如何？

四川核桃个头大、皮薄、籽粒饱满，色泽深浅适度，香味浓郁可口，容易取仁，出仁率高，茂汶、泸定等地核桃久负盛名。因此，四川省核桃生产在全国占有重要地位，具有显著的经济效益。截至 2020 年，四川省核桃种植面积达 1 231 万亩，面积位居全国各省区市第二位。据国家统计局 2020 年数据显示，四川年产核桃 60.58 万吨，位列全国第三，占全国总产量的 12.63%。

在四川省内，核桃在嘉陵江、大渡河、岷江流域大面积生长，全省 21 个市（州）的 146 个县（市、区）都有核桃种植，其中广元、凉山、巴中种植面积均超过百万亩，成了四川核桃种植中心，全省种植面积超过 5 万亩的县（市、区）有 60 个。广元市、凉山州、绵阳市核桃年产量超过 5 万吨。广元市朝天区、利州区和攀枝花市米易县等 18 个县（市、区）核桃种植户从核桃种苗生产、基地培育、果实销售、产品加工与储运、技术服务等环节人均收入超 2 000 元，助农增收成效显著。

12. 四川核桃生产存在哪些问题？

（1）品种繁多，规模化程度低

品种是核桃产业持续健康发展最重要的因素之一。由于四川生态条件的多样化，导致优良品种很难大规模推广，各地区不得不发展适合当地气候条件的品种，造成了全省品种繁多的现象。同时，部分地区交叉引种传播和自然杂交繁殖形成的变异纷繁、优劣混杂的品种和类型，严重制约了当地核桃产业的发展。

（2）苗木及品种选择不当

其主要原因是农民自主发展，将自认为优良的品种直接播种种植，长期沿用种子繁育，使核桃性状分离现象严重，品质良莠不齐，优良品种少，品质差异大。在多数农民看来，只要是新品种就好，却不知核桃经过长时间的自然选择，各个品种之间都有一定的地域性差异存在。如适宜在北方地区栽培的核桃品种引种到四川来，在盆地阴雨季节就会出现落果、烂果等现象。因此，在选择核桃栽培品种时，要注意避免盲目性，只有因地制宜、适地适树，才能取得好的经济效益。在种植核桃选择品种时，应充分考虑品种的适应性、当地的立地条件（年均气温、年日照数、极端最低温、无霜期等）、结果性状（早实、晚实、雄先型、雌先型等）、果实的经济性状（果实大小、果壳薄厚、取仁难易、果仁味道、果仁含油率等）、抗逆性（抗寒、抗病）及管理水平（是否掌握技术基本要领、劳动力是否充足）。

此外，苗木繁育及经营市场混乱，以次充好、假冒伪劣的情况经常发生。如此一来，不仅会使苗木的正常生长受到影响，而且苗木质量与纯度难以保证，损害了农民利益。

（3）重栽植，轻管理

在核桃经济林栽培中，栽植是基础，管理是关键。就现阶段来看，四川省核桃虽然种植规模大，但种植户对核桃的高效栽培技术认识掌握不足，经营管理粗放，很多农户没有掌握相关高效栽培管理技术，浇水、施肥、修剪等关键栽培环节不及时、管理不到位，核桃产量和品质无法保障。

13. 四川核桃生产应把握好哪些方面？

（1）注意品种特性，选择适应当地环境生长的优良品种

不同的品种具有不同的增产潜力和质量水准，这是由品种的遗传基因所决定的。核桃生产必须选择品质优良的品种，这是优质核桃生产极为重要的要求，也是前提和基本条件。生产中选择品种，主要依据栽培地区的生态条件、栽培管理水平及主要产品形式等实际情况而定。

（2）提高栽植质量，加强幼树管理

栽植嫁接壮苗，要求苗高60厘米以上，地径1.2厘米以上，主根长度20厘米以上，有侧根15条以上，且接口愈合良好，充实、健壮，无病虫害。保护根系，及时灌水，对于早实核桃，应在栽植的前3年内，将所挂果实及早摘除，防止果实生长消耗树体营养，影响树体生长。

（3）提高坐果率，促进产量提高

由于核桃雌雄同株异花，多数品种雌雄异熟，因此栽培时，

采用 3 个以上品种混栽，以利授粉，提高坐果率。最好采用雄先型品种与雌先型品种混栽，生产中应确定主栽品种，且主栽品种占到栽培总量的 60% 以上；加强结果母枝的更新，使结果母枝健壮生长；在生长前期要及时补给以速效性氮肥为主的养分，保证枝条生长的同时促进坐果。施肥量根据核桃的大小、产量高低而定；在发芽前 15 ~ 20 天（雄花萌动期）及时摘除雄花，减少养分消耗，促使养分用于坐果，疏雄可疏去核桃雄花总量的 90% ~ 95%，同时注意晚霜危害，在花期密切注意天气预报，在有晚霜出现的前一天晚上，可采用园内灌水、熏烟等方法，减轻危害，提高坐果率；注意病虫害的及时防治。

14. 四川核桃良种化的途径是什么？

核桃产业发展的关键是品种良种化，嫁接繁育是实现核桃良种化的主要途径。它属于无性系繁育，能保持株间高度一致，性状稳定。因此，接穗的采集与保存、嫁接时间、嫁接方式、接后管理等技术非常重要和关键，是四川核桃实现良种化非常重要的途径。有关核桃嫁接繁育技术要点，详见第四章问题 36 ~ 40。

15. 四川核桃优良品种有哪些？

为推进核桃良种化进程，提高核桃产业发展质量，四川省林草品种审定委员会按照《四川省主要林草品种审定办法》等相关规定，经科学育种程序、连续多年区域试验，审（认）定的省级核桃优良品种名录详见表 2。

表 2 四川省核桃良种名录

序号	品种名称	类别	良种编号	品种特性	适宜范围
1	硕星	审定	川 S-SC-JR-001-2009	坚果三径大小 3.87 厘米，单果重 17.30 克，大果型，壳厚度为 1.38 毫米，仁重 9.40 克，出仁率 54%。种仁含粗脂肪 69.53%，粗蛋白 12.16%。核仁饱满，颜色浅黄，取仁容易，稍涩	四川、重庆等丘陵及秦巴山区。土质疏松，光照充足，海拔 1 200 米左右的地区
2	夏早	审定	川 S-SC-JR-002-2009	坚果三径大小 3.34 厘米，单果重 11.82 克，中等果型，壳厚度为 1.10 毫米，仁重 6.14 克，出仁率 51.9%。种仁含粗脂肪 73.65%，粗蛋白 10.27%。具有一定早熟，比一般核桃提前一个月左右成熟。耐瘠薄和抗病虫害能力的耐旱、	四川丘陵地区及秦巴山区海拔 1 000 米以下林粮间作及房前屋后四旁种植。
3	盐源早	审定	川 S-SC-JR-003-2009	坚果中等偏大，圆形，单果重 17.3 克，壳厚 1.2 毫米，出仁率 55%，取仁较容易，可取整仁。核仁较充实，饱满，仁色黄白色，口感香。种仁含粗脂肪 68.39%，粗蛋白 20.75%。丰产稳产性好，早熟型特征显著。适应性较强，较耐干旱。对白粉病、黑斑病有一定抗性	川西南山地海拔 1 300~2 400 米，土层深厚的核桃种植区域

续表

序号	品种名称	类别	良种编号	品种特性	适宜范围
4	川早1号	审定	川 S－SV－JSJR－001－2012	从以云新7926为母本,夏早为父本进行杂交获得的杂种 F1 中选出。坚果中等大小,三径平均3.7厘米,坚果重12克,壳厚0.9毫米,核仁饱满,黄白色,口感香。种仁含出仁率51.6%,粗脂肪72.1%,粗蛋白16.8%。该品种早实特性明显,丰产性好,适应性较强,对炭疽病、黑斑病具有一定抗性	四川平原丘陵区,盆周低山区,海拔1 200米以下;汉源、石棉县海拔1 800米以下,土壤疏松肥沃,土壤 pH 值6.0~7.5的核桃适生区
5	川早2号	审定	川 S－SC－JSJR－001－2016	人工杂交早实品种,树势中庸偏强。坚果卵圆形,平均单果重12.1克,壳厚0.8毫米,内隔壁退化,核仁较充实、饱满,白色,味香,出仁率61%。种仁含粗脂肪49.1%,粗蛋白19.1%。丰产性好	四川省内平原丘陵区,盆周低山区海拔1 300米以下;汉源、石棉县海拔1 800米以下的核桃适生区
6	青川1号	审定	川 S－SC－JR－003－2017	坚果外形美观,缝合线紧密,平均单果重14.9克。壳厚1.03毫米,内隔膜退化,易取整果。种仁饱满,浅黄色,仁仁率62.63%,仁仁含粗脂肪71.38%,粗蛋白17.38%,风味香甜,无涩味。早熟,抗性强	川北山地海拔500~1 500米,土层深厚的核桃适宜栽培区

续表

序号	品种名称	类别	良种编号	品种特性	适宜范围
7	清香	审定	川 S－ETS－JR－006－2018	中晚实核桃类型，稳产性好。坚果近圆锥形，壳皮光清浓褐色，外形美观，果较大，平均单果重 16.39 克。核仁饱满，内褶壁退化，取仁容易，出仁率 52%～53%。种仁含粗蛋白 16.9%，粗脂肪 61.4%。仁色浅黄，味道香酥	四川盆地西南缘与盆地中部低山丘陵核桃适宜栽培区及凉山州安宁河谷海拔 2 000 米以下的核桃适宜栽培区
8	绿玥	审定	川 S－SV－JR－007－2018	抗逆性强，连续结果能力强。坚果圆形，果顶稍尖，果底稍突，壳面刻窝少且浅，缝合线较平。平均单果重 13.31 克，出仁率 51%。内褶壁退化，横隔膜膜质，易取整仁，核仁较饱满，仁色浅黄，风味浓郁，口感好。种仁含粗脂肪 65.11%，粗蛋白 18.09%	凉山州安宁河谷、金沙江流域海拔 1 600～2 200 米的核桃适宜栽培区
9	旺核2号	审定	川 S－SV－JR－005－2019	坐果率高，连续结果能力强。坚果中等，近圆形，壳面较光滑，色泽浅，缝合线较平。平均单果重 13.2 克，壳厚 0.9 毫米，出仁率 60%，品质优良，取仁容易，核仁饱满，仁色灰白，种皮淡紫色，特别适宜鲜食，味香。丰产稳定，抗逆性强，不易早表，经济寿命可达百年以上	秦巴山地南麓，川北低山丘陵区海拔 600～1 300 米的核桃适宜栽培区

续表

序号	品种名称	类别	良种编号	品种特性	适宜范围
10	广丰	认定	川R-SV-JR-001-2019	坚果近椭圆形,果面较光滑,缝合线较平。内褶壁较退化,横膈膜膜质,取仁容易,可取整仁。坚果中等,三径平均3.4厘米,单果重12.6克,壳厚1.3毫米,出仁率52%。种仁含粗蛋白17.5%,粗脂肪65.6%。核仁饱满,核仁黄白色,口感较香,无涩。丰产性较好,嫁接改造5年可实现投产	四川盆地北缘海拔500~1 200米的丘陵和中低山区核桃适宜栽培区
11	云新云林	审定	川S-SC-JSJR-004-2017	从云南省林科院引进的杂交早实品种,2012年省级认定品种名为"蜀江2号"。中果型,坚果壳厚1.15毫米,取仁较易,核仁饱满,出仁率57.03%,核仁黄白色,味香,无异味。丰产性突出,对黑斑病、炭疽病等具有较强的抗病性。但坚果底部缝合线闭合不紧,长期储藏适宜低温	绵阳市、渠县及气候相似的核桃适宜栽培区

续表

序号	品种名称	类别	良种编号	品种特性	适宜范围
12	冕漾	审定	川S－ETS－JS－002－2012	坚果近圆形，三径平均4.03厘米。壳面刻沟较浅，色泽滑，色泽浅，果基微凹，果顶平，缝合线微突。出仁，平均单果重17克，亮仁1.16毫米，可取整仁，出仁率53.8%。核仁饱满，黄白色，味香，较耐干旱和霜冻，对病虫害有较强的抗性	凉山州冕宁县海拔1500~2300米，土层厚度60厘米以上，pH值5.6~7.5及周边气候相似的泡核桃适生区
13	白鹤滩米核桃	审定	川S－SC－JS－006－2021	晚实品种，适应性好，抗病虫能力高。虽属泡核桃，但果面光滑美观，果顶微尖，缝合线较平，易取仁，果小巧。种仁含粗脂肪68.39%和粗蛋白20.75%	川西南山地东南部海拔1600~2100米的泡核桃适宜栽培区
14	紫玥	认定	川R－SV－JS－001－2018	抗逆性强。嫁接后2~3年即见果，5~6年进入丰产期。果序坐果数1~3个，多为2个。坚果中等偏大，长椭圆形，果形大小均匀一致，平均单果重13.96克，果面刻沟多而均匀，缝合线窝凸，取仁较易，出仁率56.86%，核仁饱满，风味无涩，仁色紫伍。种仁含粗脂肪65.7%，粗蛋白14.9%	凉山州安宁河谷、金沙江流域海拔1600~2400米的泡核桃适宜栽培区

续表

序号	品种名称	类别	良种编号	品种特性	适宜范围
15	'康乌4号'泡核桃	认定	川 R－SC－JS－007－2021	适应性好，生长势强健，抗病虫能力高，丰产性好。接换种后一般3年可结果，易取仁。种仁含粗脂肪68.3%和粗蛋白18.1%。口味香甜	川西南雅砻江流域高山峡谷区海拔1 800～2 800米的泡核桃适宜栽培区
16	'白鹤滩状元黄'泡核桃	认定	川 R－SC－JS－008－2021	晚实品种，适应性好，抗病虫能力高。虽属泡核桃，但果面以点沟为主，美观，壳薄，易取整仁或半仁。种仁含粗蛋白和粗脂肪含量较高，分别为67.6%和18.3%	川西南山地东南部海拔1 700～2 200米的泡核桃适宜栽培区
17	'雅源红'泡核桃	认定	川 R－SC－JS－009－2022	中果型，长径4.28厘米，侧径3.73厘米，短径3.28厘米。壳面较光滑，色泽浅（成熟初期果实青皮内侧及坚果表面呈淡红色），果顶微尖。坚果平均单果重17.9克，壳厚1.2毫米，核仁1.2克，易取仁，出仁率56.4%，仁重10克。核仁含粗脂肪69.1%，粗蛋白18.2%。核仁充实，饱满，鲜仁白色，生食香甜脆，仁黄白色，味香	川西南山地，海拔1 000～1 800米，水热条件相对较好的泡核桃适宜栽培区
18	凯林	认定	川 R－SC－JR－004－2017	坚果椭圆形，平均单果重16.1克，壳厚1.1毫米，取仁较易，内壁退化，核仁饱满，黄白色，种仁含粗脂肪60.8%，粗蛋白18.1%。抗病性较好	成都市、德阳市、绵阳市等盆地丘陵区海拔1 000米以下的核桃适宜栽培区

25

第三章 核桃的生物学特性

16. 核桃的生命周期是怎样的?

核桃寿命长,百年老树仍能结实。根据其树体发育特点,可划分为生长期、生长结果期、盛果期和衰老更新期,共4个时期,各时期的生长特点及相应栽培管理措施如表3所示。

表3 核桃生命周期表

生命周期	定义	所需时长	生长特点	栽培管理措施
生长期	从苗木定植到开花结果之前	早实核桃实生苗定植后2~3年;晚实核桃实生苗定植后7~10年;嫁接苗定植后2~5年	树体离心生长旺盛,树姿直立	加强土、肥、水管理,迅速扩大树冠;对非骨干枝条加以控制,促使提早开花结实
生长结果期	从开花结果到大量结果以前	早实核桃嫁接苗2~6年;晚实核桃嫁接苗4~10年;实生苗10~20年	树体生长旺盛,枝条不断增加,随着结实量的增多,分枝角度逐渐开张,离心生长渐缓,树体基本稳定	逐步扩大树冠,增加结果枝组,提高产量,促进树型形成;加强地下管理,供给足够养分与水分

生命周期	定义	所需时长	生长特点	栽培管理措施
盛果期	从大量结果至产量开始明显下降前	一般早实核桃6~10年、晚实核桃10~20年后逐步进入盛果期	果实产量逐渐达到高峰并持续稳定,树冠和根系伸展都达到最大限度,并开始呈现内膛枝干枯、结果部位外移和局部交替结果等现象	加强综合管理,保持树体健壮,防止结果部位过分外移,及时培养与更新结果枝组,维持稳产高产,延长盛果期年限
衰老更新期	产量明显下降,骨干枝开始枯死,基部发生更新枝	晚实核桃从80~100年开始,早实核桃进入衰老更新期较早	树势明显下降,产量递减,主枝到骨干枝出现枯梢	加强土、肥、水管理和树体保护,有计划地更新骨干枝,形成新的树冠,恢复树势,保持一定产量

17. 核桃的年生长周期发育规律是怎样的?

年生长周期是指在一年中,树木随季节周期变化而出现形态和生理机能的规律性变化。核桃的年生长周期包括生长初期、生长盛期、生长末期和休眠期,共4个阶段。

（1）生长初期

从春季树液流动、萌芽开始,到发叶基本结束为止。生长初期,核桃开始形成新叶,根系、枝梢也会加长生长,只要气温回升迅速,加强松土除草,适当增加灌水,会很快进入生长旺盛期。生长初期，核桃的光合效能还不高，总的生长量相对较小。处于生长初期的核桃，抗寒能力较弱，若遇突然降温，易发生寒害或冻害。

（2）生长盛期

从萌芽生长到枝梢生长量开始下降为止。在生长盛期，核桃叶面积达到最大，叶色浓绿，含叶绿素多，有很强的固化能力，枝、干的加长和加粗生长均十分显著，新枝上形成的芽也较饱满。生长盛期核桃对水、肥需求量大，在中耕除草、防治病虫害的同时，应增施追肥，加强灌溉。

（3）生长末期

从核桃的生长量开始大幅度下降到停止生长为止。枝梢不断加重木质化程度，芽封顶并形成芽鳞，体内营养物质变为贮藏状态，不断由叶向芽、枝干及根系转移，树叶开始变色脱落。在生长末期，核桃的休眠状态尚浅，切忌向土壤中供给大量氮肥，避免又使树木回转到生长状态，适量的磷肥和钾肥供给，有助于枝梢的木质化和营养物质的运输转移，增强其抗寒能力。

（4）休眠期

从秋末冬初正常落叶后到次年春天树液流动为止。休眠期内，核桃体内新陈代谢活动进行得十分微弱与缓慢，叶子已全部脱落。这时施入基肥，有利于翌年萌芽、开花与生长。休眠期为核桃在一年中对外界环境抗性最强的阶段，适宜进行移栽、整形修剪。

18. 核桃根系生长有何特点？

核桃是深根性树种，根系发达，主根较深，侧根水平伸展较广，须根细长而密集。侧生根系集中分布在地面以下 20～60 厘米，占根总量的 80% 以上。核桃 1~2 年生实生苗表现为主根生长速度高于地上部，3 年后，侧根生长加快，数量增多。随树龄增加，水平根扩展加快，营养积累增加，地上枝干生长速度超过根系生长速度。

同品种和类型的核桃幼苗根系生长表现有较大的差别。在相同条件下，早实核桃 2 年生苗木的主根深度和根幅均大于晚实核桃。核桃的根系一年中有 3 次生长高峰。第一次在萌芽至雌花盛花期，第二次在 6~7 月，第三次在落叶前后。

核桃的根系生长与土壤类型、土层厚度和地下水位有密切关系。土壤条件和环境较好，根系分布广而深。土层薄而干旱或地下水位较高时，根系入土深度和广度均较小。因此，栽培核桃时应选择土层深厚、结构疏松、保水透气性好，土质优良、离水源较近的地点，有益于根系发育，从而加快地上部生长，达到早期丰产的目的。

19. 核桃的叶片有什么特点？

核桃叶片为奇数羽状复叶，顶端小叶最大，其下对生小叶依次变小。小叶的数量与核桃种类有关，核桃一般为 5~9 片，泡核桃一般为 9~11 片。核桃复叶的多少与质量，对枝条和果实的生长发育影响很大。着生双果的结果枝，需要有 5 片以上的正常复叶，才能维持枝条、果实及花芽的正常发育和连续结果能力；低于 4 片复叶，不仅不利于混合花芽的形成，而且果实也会发育不良。

20. 核桃的枝条有哪些种类？

核桃的枝条可分为营养枝、结果母枝和结果枝、雄花枝 3 种类型。

（1）营养枝

营养枝是只长叶不开花结果的枝条。可分为发育枝和徒长枝2种类型。

发育枝是由上年的叶芽萌发形成的健壮营养枝，萌发后只抽枝不结果，它是形成骨干枝、扩大树冠、增加营养面积和形成结果母枝的主要枝类。

徒长枝是由主干或多年生枝上的休眠芽（潜伏芽）萌发形成，往往是受到某种刺激而萌发。徒长枝一般着生在内膛，数量过多，易消耗养分。徒长枝可疏除或改造为结果枝组，是老树更新复壮的主要枝类。

（2）结果母枝和结果枝

着生混合芽的枝条为结果母枝；由混合芽萌发而形成的开花结实的枝条称为结果枝。晚实核桃的结果母枝仅顶芽及其以下2~3个芽为混合芽。早实核桃的粗壮结果母枝，其侧芽均可形成混合芽。由健壮的结果母枝上抽生的结果枝，在结果的同时仍能形成混合芽，可连年结实。

（3）雄花枝

雄花枝指除顶端着生叶芽外，其他各节均着生雄花芽的枝条。雄花枝顶芽不易分化混合芽。雄花枝生长细弱且短小，长5厘米左右，在树冠内膛，衰弱树和老树上雄花枝数量比较多。

21. 核桃结果枝的类型与分布特点？

着生混合芽的枝条称为结果母枝，由混合芽萌发出具有雌花并结果的枝条称为结果枝。健壮的结果枝顶端可再抽生短枝，多数当年亦可形成混合芽。早实核桃还可当年形成当年萌发，当年开花结果，称为二次花和二次枝果。结果枝上着生混合芽、叶芽（营养芽）、休眠芽和雄花芽，但有时缺少叶芽或雄花芽。晚实核桃的结果枝多着生在树冠外围的顶梢上，内部较少。

核桃结果枝按长度和结果情况可分为：①长结果枝：大于20厘米，能连续结果；②中结果枝：10~20厘米，结果能力次于长结果枝；③短结果枝：小于10厘米，结果能力差。

22. 核桃新梢生长有何特点?

核桃新梢每年有2次生长高峰，可以形成春梢和秋梢。春梢出现在春季开始萌芽长叶时，随外界气温的升高，春梢生长加快，5月上旬就可达到生长高峰，日生长量有3~4厘米，6月上旬停止第1次生长，短枝和弱枝一次生长结束后形成顶芽，没有秋梢。旺盛的发育枝和结果母枝，都可能出现第2次生长，形成秋梢。徒长枝或过旺的枝条在夏季生长不停，或者生长缓慢，从而春秋梢分界并不明显。早实核桃有较强的分枝能力，发枝率为30%~40%，这是其与晚实核桃的重要区别，也是早实、丰产的重要特性之一。

23. 核桃的花有什么特点?

核桃花为雌雄同株异花、异序（偶尔有同序、同花），为单性花。

（1）雄花

雄花为葇荑花序，着生于2年生枝的中部或中下部，花序平均长10厘米左右，最长可达30厘米。每个花序有雄花100~180朵，其长度不与雄花数成正比，而与花朵大小成正比。基部雄花最大，雄蕊也多，愈向先端愈小，雄蕊也渐少。每朵雄花有基部联合的萼片 6 裂，雄蕊 12~35 枚，花丝极短，花药黄色。花药两室，平均包含约 900 粒花粉粒，通常一个花序可产生花粉约 180 万粒，重量为 0.3~0.5 克，其中有生活力的花粉占 10%~35%，当温度超过 25℃时，会导致花粉败育，降低坐果率。

（2）雌花

雌花为总状花序，着生在结果枝顶部。着生方式为单生，花序上只有一朵花；2~3 朵或 4~6 朵小花簇生；子房内有一直立胚珠，两层珠被，内珠被退化，子房上部有一个二裂羽状柱头，表现凹凸不平，湿度很高，有利于花粉发芽。子房下位，二心皮，一心室，核壳由子房外、中、内壁形成。

（3）二次花

核桃一般每年开花一次，但早实核桃具有二次开花结实的特性，即在一次正常开花后 1 个月左右，进行二次开花。二次花着生在当年生枝的顶部。花序有 3 种类型：第一种是雌花序，只着生雌花，花序较短，一般长 10~15 厘米；第二种是雄花序，花序较长，一般为 15~40 厘米；第三种是雌雄混合花序，下半序为雌花，上半序为雄花，花序最长可达 45 厘米，一般易坐果。此外，早实核桃还常出现两性花：一种是子房基部着生 8 枚雄蕊，能正常散粉，子房正常，但果实很小，早期脱落；另一种是在雄蕊中间着生 1 个发育不正常的子房，多早期脱落。二次雌花多在一次花后 20~30 天开放，若能坐果，坚果成熟期与一次果相同或稍晚，果实较小，用作种子能正常发芽。用二次果培育的苗木与一次果苗木无明显差异。

24. 核桃的开花特性是怎么样的?

核桃雌雄同株异花,开放时间不一致。即使在同一株树上雌雄花期也常不一致,这种现象称为"雌雄异熟",可分为3种类型,即"雌先型""雄先型"和"同期型"。雄花先开者叫"雄先型",雌花先开者叫"雌先型",雌雄花同时开放者为"同期型"(或称"雌雄同熟型"),但这种情况较少。各种类型因品种不同而异,以雌雄同熟型的产量和坐果率为最高,雌先型次之,雄先型最低。故建园时,要充分考虑核桃品种异熟类型的搭配问题,适当配置授粉树。

(1)雌花开放特点

核桃雌花可单生或2~4朵簇生,有的品种或类型的雌花有小花10~15朵,呈穗状花序,如穗状核桃。雌花初显露时,为幼小子房露出,二裂柱头抱合,此时无受精能力。经过5~8天,子房逐渐膨大,羽状柱头开始向两侧张开,此时为始花期。当柱头呈倒八字形张开时,柱头正面突起,分泌物增多,此时为开花盛期,接受花粉能力最强,为授粉最佳时期。经3~5天后,柱头分泌物开始干涸,逐渐反转,授粉效果较差,称为雌花末期,此后,柱头枯萎变褐,失去授粉能力。

(2)雄花开放特点

春季雄花芽膨大伸长,由褐变绿,经12~15天,花序达到一定长度,基部小花开始分离,萼片开裂,显出花粉,在自然条件下花粉寿命很短,为2~3天,其发芽率也很低,放在雌蕊柱头上4小时后,发芽率仅为5%~8%。散粉期如遇低温、阴雨、大风天气,将对散粉和受精产生不良影响,宜进行人工辅助授粉,以增加坐果率和产量。

核桃花期的早晚，受春季气温的影响较大。对一株树而言，雌花期可延续 6~8 天，雄花期可延续 6 天左右。一个雌花序的盛期一般为 5 天，一个雄花序的散粉期为 2~3 天。

25. 核桃花芽分化的特点有哪些?

花芽分化是指叶芽变花芽的过程，也是由核桃营养生长向生殖生长转变的生物学过程。它是有花植物发育过程中最为关键的阶段，也是一个复杂的形态建成过程。这一过程是开花数量和质量的基础，直接影响着核桃的产量和果实的品质。

核桃为雌雄异花植物，具有雌雄异熟性，雌雄花具有各自的分化体系。核桃的雌雄花都属于夏秋分化型，分化历时较长。花芽分化的快慢和时期的划分与品种或栽培环境不同有关，使得其表现出不同的花芽分化周期。

（1）雄花芽分化

一般于 4 月下旬至 5 月上旬雄花芽原基就已形成；5 月中旬雄花芽的直径为 2~3 毫米，表面呈现出不明显的鳞片状；5 月下旬至 6 月上旬小花苞和花被的原始体形成，可在叶腋间明显看到表面呈鳞片状的雄花芽；到第二年 4 月份，雄花芽迅速完成发育并开花散粉。雄花芽的分化时间较长，一般从开始分化至雄花开放约需 1 年。4~6 月雄花芽完成形态分化，约 60 天；第二年 4 月开始萌发和伸长，到 4 月底完成散粉期约 1 个月。雄花芽分化可以分为 5 个时期，即雄花鳞片分化期、苞片分化期、雄花原基分化期、花被及雄蕊分化期、花被及雄蕊发育完成期。

（2）雌花芽分化

核桃雌花芽的分化包括生理分化期和形态分化期。

生理分化期：核桃雌花芽的生理分化期约在中短枝停止生长后的第3周开始，到第4~6周为生理分化盛期，第7周基本结束。生理分化期也称为花芽分化临界期，是控制花芽分化的关键时期。此时花芽对外界刺激的反应敏感，可人为地调节雌花的分化。可通过外部形态特征来判断雌花芽分化期，即：①成花诱导期，雌花芽较小，呈扁三角形，外被3~5层鳞片，质软，鲜绿色；②花柄分化期，雌花芽逐渐增大，为阔三角形或扁圆形，鳞片5~7层，变硬，幼叶形成；③苞片分化期，雌花芽大小和形状没有明显变化，鳞片层数增加，逐渐木质化，颜色变成黄绿色直至褐色；④花被分化期，雌花芽由褐色变成灰绿色，鳞片逐渐张开；⑤雌蕊分化期，雌花芽再次增大，鳞片逐渐脱落，幼叶展开。

形态分化期：雌花芽的形态分化是在生理分化的基础上进行的，整个分化过程约需10个月才能完成。雌花开始分化在6月中下旬至7月上旬，花原基出现在10月上中旬，入冬前在雌花原基两侧出现苞片、萼片和花被原基，以后进入休眠停止期，翌春3月中下旬继续完成花器各部分的分化，直至开花。

因雌花芽形态分化期需消耗大量的营养物质，应及早供给和补充养分。掌握雌花形态分化期，对核桃丰产栽培具有重要意义。

26. 如何促进核桃花芽分化？

核桃花芽分化是影响产量的重要因子。核桃果实的品质和商品价值直接受花芽分化的早晚、数量和质量影响。核桃花芽分化是一个复杂的过程，与多种因素相关，并且雌雄花数量比不合适也会影响核桃的丰产性与稳产性。花芽分化需要充足的有机营养和合适的内源激素含量，抑制过旺营养生长、保叶及充足的肥力是提高有机营养水平的条件；促进根系生长、抑制营养生长，有利于增加细胞分裂素（CTK）含量和减少赤霉素（GA）含量，加大细胞分裂素与赤霉素的比值，使芽的分化方向朝有利于花芽的方向发展。根据花芽分化的特点，在采收之后要及时施肥浇水，加强根系的吸收，补充树体营养的消耗，促进根系的生长，增强枝叶的功能，为花芽分化提供物质保证。

（1）施肥

通过配方施肥，全面补充营养，保证树体营养和树势，利于花芽分化；增施生物有机肥，可以为核桃光合作用提供碳源，利于光合产物积累；生长顶端的碳氮比增加，则促进花芽分化。在花芽分化前增施磷肥和钾肥，花芽分化期喷施磷酸二氢钾和氨基酸，促进碳水化合物转移，利于花芽分化。对于旺树，可通过控制氮肥，增施磷肥和钾肥，从 5 月下旬开始采取控制旺枝的措施减缓树势，能促进成花。

（2）适当灌溉

一般情况下，适当干旱，有利于花芽分化。土壤田间持水量在 60% 左右，利于花芽分化。雨水过多，土壤过湿，新梢不断生长，不利于花芽分化；过于干旱，同样不利于光合产物积累。如果特别干旱，应适当浇水。

（3）修剪

在枝条停止生长之前，调节光照，通过对核桃进行抹芽、摘心，抹掉树冠内的徒长芽和剪口下的竞争芽。对生长较旺的直立核桃采取拉枝、吊枝和撑枝的办法，加大直立枝的角度，从而促进花芽的分化。

（4）喷施药剂

核桃采果后连喷 2 次多效唑，可控制其生长，促进花芽分化。对于未结果的幼树，秋季喷施乙烯利，可控制幼树生长，促发中短枝，利于形成花芽。

（5）调节内源激素

生长素（IAA）是发现较早的一类促进植物生长的物质。核桃雌花芽分化过程中生长素的浓度始终低于营养芽，相对较低水平的 IAA 利于雌花芽的形成。但雄花芽的形成则需要较雌花芽更低水平的 IAA。

脱落酸（ABA）是一种抑制植物生长的植物激素。在核桃雌花芽分化过程中 ABA 有 2 个高峰，但水平都较营养芽低，尤其在第 1 次高峰时仅为营养芽的 1/2，低水平的 ABA 对核桃雌花芽的分化有促进作用。

赤霉素（GA）主要在种子中合成，对花芽分化起抑制作用，而细胞分裂素（CTK）具有促进花芽分化的作用。雌花芽中细胞分裂素保持在较高的水平，且有 2 个显著的高峰，而营养芽中细胞分裂素则维持在较低的水平，虽有高峰但不明显。与同时期的营养芽相比，雌花芽分化时细胞分裂素的作用占优势，促进了雌花原基的形成。赤霉素的水平则是营养芽高于雌花芽，雄花芽的分化过程也伴随低水平的赤霉素。

多胺是一类新的植物内源生长调节物质，广泛存在于植物体内，并影响着植物的生长、生殖、休眠、衰老和抗逆性。它对花芽形成具有促进作用，内源多胺随核桃雌花芽的分化出现 2 个高峰，且雌先型品种的高峰较雄先型出现得早。

27. 核桃伤流及其防止方法?

伤流是植物的一种生理现象,指从受伤或折断的植物组织溢出无色、无味、透明液体的现象。伤流是核桃生长过程中的一种正常生理现象,可分为秋季、春季和冬季伤流,秋季伤流是从开始落叶到进入强迫休眠这一时期产生的伤流;春季伤流则是从根系打破深休眠开始生理活动,至萌芽展叶后这一时期产生的伤流;冬季伤流为核桃进入冬季休眠期所产生的伤流,也称休眠期伤流。核桃伤流量变大一般发生在休眠期,主要是由于导管大,树体根部压力强,加之蒸腾拉力迫使树液上流而造成。

(1)核桃伤流年周期发生规律

核桃在休眠期任何时间出现的伤口,其伤流均要持续到萌芽展叶才能停止,核桃休眠期伤流的发生有 2 个高峰、3 个低潮。11 月初第 1 个低潮出现,11 月中下旬第 1 个高峰出现;第 2 个伤流低潮出现在 12 月下旬至翌年 3 月中旬,3 月下旬至 4 月中旬伤流达到第 2 个高峰;从 4 月中下旬开始随萌芽生长伤流逐渐减少。

(2)减轻核桃伤流的措施

①适时修剪。将传统的春、秋季修剪改为休眠期修剪。采收后到落叶前是营养积累时期,修剪会造成养分损失,春季展叶后修剪同样会造成养分损失。在避开冬季伤流高峰期的前提下,核桃一般在 1 月中旬至 2 月上旬进行休眠期修剪,可避免或减小伤流的不利影响。

②降低湿度。苗圃嫩枝嫁接或实生大树嫁接后,除非严重干旱,7~10 天内可以不灌水。

③留放水口。春季对核桃实生大树或低产园采用硬枝嫁接

时，根据主干粗度，在主干基部留 1~2 个放水口，排出伤流液，提高成活率。

④断根处理。在出现严重伤流的情况下做断根处理也有一定效果。

⑤保护伤口。一旦出现伤流，要迅速处理伤口，首先是清除伤流，防止伤口感染；其次是封口包扎，将愈伤防腐膜直接用于伤口处，能够及时封闭伤口，使伤口迅速形成一层有韧性的软膜紧贴木质，或滴蜡封口，即用点燃的蜡烛灼烧伤口处，然后斜拿蜡烛，将蜡液均匀地滴在伤口处，反复 2~3 次，直至蜡液完全渗入核桃枝内，过 1~2 小时树液不再外流，达到止流目的。通过涂抹，在防止伤流的同时，还能保证剪锯口不会出现干裂，而且可以有效阻止病虫侵入伤口。

第四章　核桃苗木的繁育

28. 怎样选择核桃苗圃地?

　　苗圃地选择是育苗成败的基础。苗圃地应具备地势平坦、土壤疏松肥沃、背风向阳、土质差异小、水源充足、交通便利等条件,地下水位应在地表1.5米以下,因低洼地和地下水位高的地方苗木根系不发达,容易积水出现涝害和霜冻。

　　土壤供给苗木生长所需的水分、养分和空气,也是苗木根系生长发育的环境。苗圃地应选择土层深厚、肥沃、土质疏松的沙壤土和轻黏壤土,有利于种子发育和幼苗生长。贫瘠或石砾较多的土壤或干旱的坡地培育出来的苗木生长量小,根系不发达,质量差,对不良环境的适应能力弱,栽植不易成活,即便成活,生长也较弱;黏重土壤易板结,透气性差,影响根系发育。因此,不宜选择瘠薄或黏重的土壤作为苗圃地,地下水位高的河滩地也不宜作为苗圃地。连续多年的育苗地和废弃的果园地不宜作为苗圃地,避免因苗木生长所需元素缺乏和有害元素积累而降低苗木质量和感染病虫害。

29. 核桃苗圃地如何规划?

　　苗圃地确定后应着手进行圃地规划。在规划苗圃地时,应在迎风方向设立防风林；在苗圃地里设立网状的区间林带，林带间距为 100～200 米。在规划防风林的同时，本着因地制宜、提高土地利用率和方便操作的原则，将苗圃地划分成若干个作业小区。小区设计成长方形，长度为 100～200 米，宽度可为长度的1/3～1/2。

小区与小区之间设步道，应尽量使道路与排灌系统合理分布，不浪费土地。为了方便采集接穗并保证接穗新鲜，应规划出优良品种采穗圃，也可以栽植核桃优良品种防风林带代替采穗圃，这样既节约土地又距离嫁接地点近，减少运输成本。同时，苗圃地还应规划出灌溉井、洒水池、作业场、假植地、地窖、仓库、房屋等基础设施。个体育苗户可根据自己的土地面积只规划育苗地和灌溉水渠。

30. 核桃苗圃地如何整地?

整地是保证苗木生长质量的重要环节，主要是指对土壤进行精耕细作。通过整地可增加土壤的通气透水性，并有蓄水保墒、翻埋杂草、混拌肥料及消灭病虫害等作用。由于核桃幼苗的主根很深，深耕有利于幼苗根系生长。翻耕深度应因时因地制宜。

（1）深耕

土地经过深耕，活土层加厚，土壤物理结构得到改善，能提高蓄水保墒能力和耕层温度，有利于土壤微生物活动，从而为核桃种子发芽和根系的生长发育创造良好的土壤环境。深耕宜早，秋耕比春耕好，早耕有利于熟化土壤。结合深耕，每亩施腐熟有机肥 2～4 吨，深度以 25～30 厘米为宜。深耕后浇足水，春季播种前再浅耕 1 次，深度 15～20 厘米，然后耙平，夯实备用。

（2）土壤消毒

其目的是消灭土壤中的病菌和虫源。方法是每平方米苗床用40%甲醛50毫升，加水6~12升，播种前10~15天喷洒，然后用塑料薄膜覆盖并压实，播种前5天除去薄膜，等甲醛气味散尽后播种。

（3）做苗床

核桃育苗可采取床（畦）作和垄作2种方式，高床床宽1米，床长15~20米，高床浇水后床面不易板结。垄作的垄高20~30厘米，垄顶30~35厘米，宽垄间距约70厘米，垄长约10米。垄作的特点是便于灌溉，土壤不易板结，光照、通风条件好，管理和起苗较方便。

31. 核桃优良砧木的标准有哪些？

砧木苗是用核桃种子繁育而成的实生苗。砧木应具有对土壤干旱、水淹、病虫害的抗性，或具有增强树势、矮化树体的性状。砧木的种类、质量和抗性直接影响嫁接成活率及建园后的经济效益。选择适宜于当地条件的砧木是保证丰产的先决条件。因此，砧木的选择很重要，需从种内不同类型及不同树种及其种间杂交子代2个方面进行选择，着重注意生长势、亲和力和抗逆性与抗病虫害等指标。优良砧木的标准是：

①亲和力强。可以提高嫁接成活率，提高核桃产量与质量。

②生长势强。能迅速扩大根系，促进树体生长。

③抗逆性强。具有一定的抗旱性、抗寒性。

④抗病性强。针对当地的主要病害，选用抗病性强的砧木。

32. 怎样采集核桃砧木种子？

目前，多采用采集实生大核桃的种子作砧木育种的方式，由于这些大树的果实大小差距较大，核壳厚薄不一，生产中应注意选种。采种方法有拣拾法和打落法 2 种。前者是随果实自然落地，定期拣拾；后者是当树上果实青皮有 1/3 以上开裂时打落。

选择生长健壮、无病虫害、核仁饱满的壮龄树为采种母树。当果实达到形态成熟，即青皮由绿色变为黄色并开裂时采收。此时的种子内部生理活动微弱，含水量少，发育充实，最容易贮藏。若采收过早，胚发育不完全，贮藏养分不足，晒干后核仁干瘪，发芽率低，即使发芽出苗，也难成壮苗。为确保种子充分成熟，作种子用的核桃果实一般较商品果实晚采收 2 周左右。采集后可用剥皮机械直接将青皮剥离，捡出果实晾晒。种子量少的也可将果实堆沤脱皮或用乙烯利处理，一般 3~5 天即可脱去青皮。堆沤时注意不可堆积过厚，以免发热烧坏种子。脱青皮后的核桃种子及时薄层摊在通风干燥处晾晒，避免在水泥地面、石板或铁板上直接暴晒。

33. 核桃砧木种子的贮藏和处理方法有哪些？

（1）种子贮藏

充分成熟的核桃种子无休眠期，秋播的种子在常温条件下贮藏一段时间后，秋末播种，也可将采收后带青皮的种子直接播种。多数地区以春播为主，春播的种子贮藏时间比较长，种子必须充分晾干，避免含水过高、通风不良使种子发霉变质。

核桃种子的贮藏方法主要有室内干藏和冷库贮藏。种子量少，可在室内干藏，方法是将晾晒的干燥种子装入麻袋或编织袋内，并放入干燥剂密封，放在低温、干燥、通风良好的室内或仓库内。种子量大，必须放在冷库中贮藏，冷库温度保持在4℃左右，空气相对湿度保持在50%以下，按种类和品种分开，将种子分别装入编织袋内，系好标签，以防混杂。无论常温贮藏还是冷藏都要注意防止鼠害和通风干燥，保证种子的生活力。

此外，也可将核桃种子沙藏层积。方法是选择背风向阳、地势高燥、排水良好的地方，挖深1米左右，宽1.5米左右，长度视种子量而定的坑。在坑底和坑四周壁上铺一层防鼠铁丝网，将种子在清水中浸泡透，以核仁饱胀为标准（初冬水温较高需3~5天，深冬水温较低需5~7天），注意浸泡时勤换水。层积前将底层铺10厘米厚的湿沙，湿沙以手握成团而又不滴水为宜，然后以湿沙与种子5:1的比例充分混合后填入坑内，至距地面20厘米为止，上面再覆盖10厘米厚湿沙，并盖上防鼠铁丝网，最上面覆盖秸秆即可。冬季下雪后应及时清除积雪，防止雪水流入层积坑造成种子霉烂。春节过后，气温上升，要经常打开层积坑翻动种子，保证坑内温度均匀，种子发芽整齐，待部分种子发芽后捡出发芽的种子播种。此法费工费时，主要在种子量少或种子珍贵时采用，多用于科研育苗。

（2）种子处理方法

秋季播种不需要进行种子处理，可直接播种。春季播种，干种子需经过处理，才能保证发芽、出苗整齐。种子处理方法有以下几种：

①冷水浸种法。将干核桃的种子装入编织袋内，袋内放砖头或石块，以防浸种时漂浮。把种子袋放入河水或池塘中，并用绳子拴牢以免漂走。从第5天开始，每天检查浸泡情况，经过6~7

天种子即可泡透。没有河水或池塘的地方，可以用塑料桶、缸等容器，或在地面挖一个坑，垫上塑料布或彩条布，将核桃种子放入，倒进清水，浸泡 6~7 天。浸泡期间每天换 1 次水，检查浸泡情况，当大部分种子膨胀裂口时，即可捞出播种。浸泡时可用木板将种子压入水中，以利于种子充分吸水。

②温水浸种法。种子量少时，可用 2 份沸水、1 份凉水兑成温水浸泡种子。方法是把干种子放入温水中搅拌至常温，浸泡 4~5 天之后每天换 1 次清水，检查核仁，种子膨大裂口时即可捞出播种。

③冷浸日晒。将种子夜间浸泡在冷水中，白天取出放在阳光下暴晒，浸泡后的种子因吸水膨胀，一经暴晒，多数种子开裂，将裂口的种子拣出来即可播种。这是一种比较常用的办法。

④开水浸种。当种子未经沙藏亟须播种时，可将种子放在缸内，然后倒入种子量 1.5~2 倍的沸水，一边倒一边搅拌，使水面浸没种子，这时种壳不断爆裂，要不停搅动，5 分钟后捞出种子即可播种，也可搅到水温不烫手时加入凉水浸泡一昼夜，再捞出播种。此法还可同时杀死种子表面的病原菌。多用于中厚壳核桃种子，薄壳核桃不能用开水浸种。

⑤温水催芽法。种子经温水浸泡吸水膨胀后捞出，放入篮子或竹筐中，用湿布盖上，每天早、晚用 45℃温水冲洗种子 2 次，或在 35~40℃温水中淘 2 遍，种壳开裂露出根尖后按种植密度播种。

34. 怎样进行核桃砧木种子的播种？

（1）播种期

核桃播种分秋播和春播 2 种。

①秋播。秋播又分为带绿皮播种和种子播种。带绿皮播种是将充分成熟的核桃果实从树上采收后，立即将其带青皮播种于苗圃地内，播种时间一般在9月中下旬；种子播种时间一般在10月下旬以后，趁秋墒把浸泡过的种子播种到苗圃地。带绿皮播种，因播种较早，气温较高，种子在土壤中部分发芽出土，冬季地上部分冻枯，翌年春季土层中的幼苗腋芽还可萌发成苗；晚播的种子，因地温低不萌发出土。核桃秋季播种避免了种子贮藏和处理，节省人力物力，而且翌年春季出苗早，出苗整齐，苗木生长健壮，适于大面积育苗操作。但是，秋播种子在土壤中停留时间长，易受牲畜鸟兽盗食，增加了育苗风险。因此，在鸟兽危害较重的山区不宜秋播。

②春播。春播是在3月中下旬至4月初土壤10厘米处地温在10℃以上进行。春播的缺点是播种期短，田间作业紧迫。若延误了播种期，则因气候干燥，蒸发量大，不易保持土壤湿度，生长期缩短，降低苗木质量。

（2）播种方法

核桃播种方法有宽窄行播种和等距离行播种2种。宽窄行一般要求宽行距40~60厘米，窄行距20~30厘米；等距离行一般要求行距40~50厘米。宽窄行播种单位面积育苗数量多，便于苗木田间管理。宽行距离以能够容下嫁接人员嫁接操作为宜；窄行距离视土壤肥力和管理条件而定，土壤肥力高和管理条件好，距离可小些；否则，可大些。等距离行播种的行距也可视土壤肥力和管理条件而定。山地栽植的核桃实生苗，为提高栽植成活率，可采用营养钵育苗。核桃苗生长量大，苗木粗壮，营养钵应相对较大，一般要求直径15厘米左右。营养土的配方多为1/3土杂肥＋2/3新黄土，土杂肥要充分沤制和腐熟。播种前如果墒情差，需浇水，尤其是春季播种，温度上升快，风大，水分蒸发快，易造成土壤缺水，因此墒情差时一定要先浇水后播种，以保证出苗整齐。春季育苗遇到大风、干旱和低温，播种后要覆盖地膜，保温保湿，利于种子出土。

播种时摆放种子以种子缝合线与地面垂直为好，这样胚根萌发向地下生长，胚芽萌发向地上生长，苗木出土整齐健壮。一般播种深度为10厘米，秋季可适当深播，春季可适当浅播，播种后保持土壤湿润。

（3）播种量

一般每千克核桃仁有60~70粒种子，中等核桃每千克有种子100粒左右，小核桃每千克有种子120~140粒。每亩有基本苗6 000~8 000株，根据种子大小和播种株行距，一般大粒种子每亩播种量为150千克，中粒种子每亩播种量为90~100千克，小粒种子每亩播种量为70~80千克。播种前一定要检查种子质量，可用随机抽样的方法，检查其饱满度、生活力，并除去霉变粒、干瘪粒、虫果等，然后精确计算播种量，保证可用基本苗数量。

35. 怎样管理好核桃砧木苗？

加强核桃苗期管理是实现当年嫁接和缩短育苗周期的重要环节。春季播种20天后即可出苗，40天左右出齐苗，覆盖地膜的可提早出苗1周左右。

（1）间苗和补苗

幼苗出齐后长至2~3片真叶时开始间苗，每穴留1株苗，多余的苗剔除。结合间苗在缺苗断垄处补苗，可从苗木密度大的地方带土起苗，移栽后及时浇水。旱地移栽补苗要选择在阴雨天进行，也可在晴天的下午4时后进行，用壶水点浇。缺苗量大时应采用温水催芽后重新点播，以保证苗圃地苗木整齐。结合间苗、补苗，对苗圃地进行松土除草，以促进幼苗前期生长。

（2）苗木断根

核桃为深根性树种，主根发达，为促进侧根生长，提高苗木生长速度和移栽成活率，同时节省起苗时的工作量，幼苗时期应切断主根。方法是在幼苗生长至30~40厘米高时，在距离苗木基部20厘米处，用断根铲呈45°从地面斜切，将幼苗主根切断，断根后及时浇水，以保证幼苗正常生长。催芽播种的幼苗不需断根处理。核桃苗断根可明显增加侧根数量，促进侧根生长量，有效控制苗木徒长，促使苗木健壮生长，增加苗木抗逆能力。

（3）水肥管理

一般在核桃苗出齐前不需浇水，但若当地春季有干热风，土壤保墒能力较差影响出苗时，需及时浇水，并视具体情况进行浅松土。苗出齐后，为了加快生长，应及时施肥浇水，一般苗期追肥2~3次。第1次追肥在苗高15厘米左右时进行，每亩施碳酸氢铵10~15千克或尿素5~10千克。第2次追肥在6~7月苗木速生期，每亩施碳酸氢铵20~25千克或尿素10~15千克。如果6月底苗木仍未达到嫁接要求粗度，可再追肥1次。结合追肥要及时浇水，并进行中耕除草。旱地和浇水不方便的育苗地，要抓住雨前或雨后的有利时机追肥。结合土壤追肥，幼苗生长期间还应进行根外追肥，可叶面喷施0.3%尿素溶液或0.3%磷酸二氢钾溶液，每7~10天喷1次。夏季，雨水多的地区要注意排水，以防苗木晚秋徒长或烂根死亡。入冬时要浇1次封冻水，以防幼苗冬季枯梢。

（4）中耕除草

中耕可以疏松表土，减少蒸发，防止地表板结，促进气体交换，提高土壤中有效养分的利用率，给土壤微生物活动创造有利的条件。幼苗前期，中耕深度以 2~4 厘米为宜，后期可逐步加深至 8~10 厘米，苗期应中耕 2~4 次。苗圃杂草生长快，繁殖力强，与幼苗争夺水分和养分，有些杂草还是病虫害的媒介和寄生场所，因此苗圃地必须及时除草。中耕除草可与追肥浇水结合进行，在杂草旺长季节进行专项中耕除草的同时，每次追肥浇水后均要及时中耕除草。

（5）病虫害防治

核桃苗期病害主要有黑斑病、炭疽病、白粉病、苗木菌核性根腐病、苗木根腐病等，除在播种前进行土壤消毒处理外，还应采取相应的防治方法。苗木菌核性根腐病和苗木根腐病，可用 10% 硫酸铜溶液或 70% 甲基硫菌灵可湿性粉剂 1 000 倍液浇灌根部，每亩用药液 250~300 千克，然后再用消石灰撒于苗茎基部及根际土壤，对抑制病害蔓延效果良好。黑斑病、炭疽病、白粉病，可在发病前每隔 10~15 天喷 1 次等量式波尔多液 200 倍液，连续喷 2~3 次；发病初期喷 70% 甲基硫菌灵可湿性粉剂 800 倍液，防治效果良好。幼苗出土后，如遇高温暴晒，幼苗嫩茎先端易焦枯，生产中要及时浇水降温，防止发生日灼病。

核桃苗期虫害主要有象鼻虫、刺蛾、金龟子等，可选用 90% 晶体敌百虫 1 000 倍液或 2.5% 溴氰菊酯乳油 5 000 液或 50% 杀螟硫磷乳油 2 000 倍液喷洒防治。

36. 如何采集和贮藏核桃良种接穗？

（1）接穗采集

①采集时期。嫁接时期不同，采集接穗的时间也不同。枝接

接穗从核桃落叶后至芽萌动前（整个休眠期）均可采集。采穗的具体时间应根据实际情况而定，气候寒冷的地区，核桃枝条易受冻害，抽条现象严重（特别是幼树），宜在秋末冬初采集。此期采集的接穗只要贮藏条件好，防止枝条失水或受冻，就可保证嫁接成活率。未有冻害抽条的地区，可在春季芽萌动之前采穗。嫁接量大的宜在秋末或冬初采集接穗，也可结合冬季修剪采集接穗。嫁接量小的可于春季萌芽前15天采集，经短暂贮藏即可嫁接；夏季芽接可随采随用，一般不贮藏，避免因贮藏降低嫁接成活率。芽接接穗贮藏时间不能超过5天。无论是母树休眠期采集接穗，还是生长季节采集接穗，均要采集通圆光滑的枝条，特别是芽基处要求尽量平滑，此种接穗嫁接成活率高。芽基处凸起明显的，嫁接成活率低。

②建采穗圃。长期育苗地需要大量接穗，从外地调进接穗不仅成本高，品种不一定适宜，而且长途运输和长时间贮藏接穗质量降低，尤其在夏季会使嫁接失败。因此，培育接穗母树或采穗圃，建立当地的采穗基地，实现接穗自给非常必要。

③采集方法。在休眠期采穗宜用枝剪或高枝剪，忌用镰刀削。采集时剪口要平，注意剪口不要呈斜茬。采后根据穗条长短和粗细进行分级（弯曲的弓形穗条要单捆单放），每捆30~50根。打捆时穗条基部要对齐，先在基部捆一道，再在上部捆一道，然后剪去顶部过长、弯曲或不成熟的顶梢，再用蜡封住剪口，以防失水，最后用标签标明品种。夏季芽接用的接穗，从树上剪下后要立即去掉复叶，留2厘米左右长的叶柄，每20~30根打成1捆，标明品种。打捆时不要损伤叶柄幼嫩的表皮，打捆后立即用湿布包裹，或放入盛有清水的容器中，清水浸泡接穗基部

2～3 厘米。

（2）接穗贮藏与运输

①枝接接穗。枝接接穗采集后，可贮藏于地窖、窑洞、冷库，或在背阴处挖坑贮藏。接穗按 50 根 1 捆，挂上标签，剪口封蜡。地窖、窑洞和贮藏坑，可采取一层湿沙一层接穗层积贮藏，湿沙需紧密填充接穗缝隙，层积厚度不宜超过 1.5 米，上面覆盖 20 厘米厚的湿沙。贮藏温度不能超过 5℃，沙的湿度不能过大，也不能过小。沙的湿度小，接穗贮藏过程中易失水干枯，降低成活率；沙的湿度过大，接穗贮藏过程中易霉烂。贮藏坑可选在背阴干燥的地方，坑宽 1.5～2 米，深 0.8～1.2 米，长度按接穗的多少而定。接穗用量大或远途运输，需将接穗贮藏到冷库中，存放前将接穗封蜡，每 30～50 根 1 捆，10～20 捆打 1 包，接穗捆之间用湿苔藓填充包裹，或用湿蛭石填充，冷库温度控制在 0～5℃，接穗运输前先打包，外包装用塑料布，车身底部铺塑料布，把打好包的接穗按品种分装，上盖帆布篷保温保湿。接穗装车后应尽快运送到嫁接目的地，以减少接穗损失，提高嫁接成活率。

②芽接接穗。由于生长季节气温高，芽接接穗采下后，应用湿布包裹，外包塑料薄膜，放入冷藏车内运送到嫁接地点，时间不要超过 2 天。没有冷藏车运输条件的，可将接穗用湿布包裹，里面填充苔藓或湿锯末等，外包塑料薄膜，运到嫁接地后及时打开薄膜，置于潮湿阴凉处，或埋入洁净的湿河沙中。接穗量少时，采集后将接穗底部放入盛有清水的容器中运输，可保持接穗生活力，保证嫁接成活率。

为保持接穗新鲜，尽量减少接穗水分蒸发，提高嫁接成活率，多采用嫁接前封蜡处理。即把接穗按嫁接需要的长度剪成小段（一般每段2~3个芽），将剪口在熔化的石蜡液中迅速蘸上薄薄一层石蜡，冷却后放在阴凉处备用，效果很好。蜡封动作要快，接穗不可在蜡液中停留。蘸蜡前接穗先用清水冲洗一遍，除去尘土，摊开晾干后再蘸蜡。否则，接穗上有尘土，会影响蜡膜的附着力。石蜡液的温度以90~95℃为宜，温度太高，容易烫伤芽；温度太低，挂蜡太厚，蜡层容易脱落。

37. 影响核桃嫁接成活率的主要因素有哪些?

（1）砧木和接穗的质量

嫁接成活需要砧木、接穗双方分别产生愈伤组织，继而分化产生连接组织，最终形成新植株。因此，砧木、接穗双方均需有较强的生命力，如果其中一方失去生命力或生命力弱，则难以产生或仅产生很少的愈伤组织，其嫁接成活率就低。反之，如果砧木、接穗双方质量均好，生理功能强，代谢旺盛，则易产生大量愈伤组织，这样即使嫁接技术稍差，也能获得较高的成活率。

嫁接用砧木以2~4年生的健壮且无病虫害的实生苗为好。砧木物候期不同对嫁接成活率也有一定影响，砧木萌发阶段成活率低，抽梢及展叶期成活率高。给砧木供给适量的水，可提高芽接成活率。

接穗质量对嫁接成活率影响较大。接穗的质量可用粗细充实程度和保鲜状况等指标综合衡量，其中接穗的保鲜状况（含水量）至关重要。当接穗枝条含水量低于38.5%时（即失水率超过11.8%），不能产生愈伤组织，这种枝条不宜用来作接穗。当然，并非枝条含水量越高对愈伤组织形成越有利。接穗的髓心大小对嫁接成活率也有重要影响，髓心率为31%~40%时，嫁接成活率最高，当髓心率超过50％时，嫁接成活率很低。此外，接穗的休眠程度对成活率也有一定影响，芽子未萌动的接穗成活率高，如接穗芽子已膨大或已萌发，由于接穗内部的水分和养分消耗较大，嫁接成活率会降低。

一般来说，同一株采穗母树上，春季生长的接穗充实健壮，木质化程度高，髓心小，嫁接成活率高；秋季生长的接穗则与之相反。在同一发育枝上，中下部枝段作接穗最好，顶部枝段作接穗质量差，一般不能使用。

（2）砧木及接穗的亲和力

嫁接亲和力是砧木和接穗双方能够正常连接并形成新的植株的能力，是确定优良接穗、砧木组合的基本依据。有的组合嫁接后，砧木、接穗双方虽能形成愈伤组织，但不能相互连接成新的植株；有的嫁接后短期内连接成活，但生长发育不良，或寿命很短，均表明双方亲和力差。从目前常用的几种核桃砧木来看，核桃砧木和接穗之间，种内嫁接，亲和力均很强；同属异种与同科异属间嫁接，它们之间虽有一定的亲和力，但嫁接后常出现"小脚"现象（接口为上粗下细），或萌蘖丛生，成活后的保存率也很低，表现为后期亲和力较差。此外，同种砧木不同接穗品种组合，其亲和力也有较大差异。

（3）伤流量

核桃枝干受伤后易出现伤流液，尤其在休眠期表现极为明显，它是影响嫁接成活的重要因素。嫁接时伤流液过多，会造成嫁接口缺氧，抑制砧木、接穗接口处组织的呼吸，阻止愈伤组织形成。伤流液的多少受诸多环境因子影响，如湿度大、气温低、雨水多时，伤流量随之增加。同时，伤流液的多少也与核桃自身的物候期、树龄和生长势等有关，如休眠期伤流液多，则生长期伤流液少或没有。同一株树的不同部位伤流量也不同，枝条级次愈高（即离根系愈远），伤流液愈少。避免或减少伤流液的方法有断根和砍干、锯干放水，生产中可采取提前剪砧留拉水枝、推迟嫁接时期等方法。但要完全避免伤流液对嫁接成活的不良影响则比较困难，这也是核桃室外嫁接成活率不稳定的主要原因之一。

（4）温度和湿度

核桃愈伤组织形成的适宜温度为 25～30℃，低于 15℃ 或高于 35℃ 时，都会抑制愈伤组织的形成。湿度是愈伤组织形成的另一个主要条件，砧木因其根系可吸收水分，通常容易形成愈伤组织；而接穗是离体的，只有在适宜的湿度条件下，才能保证愈伤组织的形成，尤其是接口周围的湿度更为重要。核桃在土壤含水量为 14.1%～17.5% 的条件下易产生愈伤组织，嫁接微环境（即接口周围）的相对湿度以 70%～90% 为宜。湿度过小会造成接穗失水干枯，过大则嫁接口通气不良，易窒息而死。

（5）嫁接时期和嫁接方法

嫁接时期主要是通过温度、湿度及伤流量等因素影响嫁接成活率。嫁接时期的选择非常重要，嫁接过早或过晚均不利于成活。过早因气温低，天气干燥多风，砧木、接穗生理活动弱，不易形成愈伤组织，加之伤流量大，嫁接成活率很低，过晚因气温升高，湿度降低，接穗易萌发，使接口失水变干，形成"假活"现象，接穗也易霉烂。

嫁接方法对成活率也有明显的影响，插皮舌接法成活率最高，劈接次之，腹接成活率很低。无论枝接还是芽接，一般砧木、接穗接触面积大的嫁接方法成活率较高。

38. 核桃嫁接时间和常用的方法是什么？

（1）嫁接时间

嫁接时间通过温度、湿度和伤流量等因子影响核桃的嫁接成活率。一般在砧木进入旺盛生长期后进行嫁接，此时伤流较少，形成层活跃，生理活动旺盛，有利于伤口愈合。枝接多在砧木萌芽至展叶期进行。

（2）常用方法

根据核桃嫁接所用接穗的不同，分为枝接和芽接2大类。枝接常用的方法有劈接、插皮舌接和插皮接等，芽接方法有"T"字形芽接和方块形芽接，具体操作方法如下：

① 劈接。先将接穗的下端6厘米左右处削尖，外侧稍厚，下端成盾形。将砧木离地面10~20厘米处剪截削平，从中间部位垂直劈一刀，劈出的伤口长度要与接穗的长度适宜。将接穗插入砧木的劈口处，使接穗形成层与砧木形成层密接对齐，接穗削面上端微露，下端与劈缝下端距离0.5~1厘米，再用薄膜将接穗和砧木捆紧（图1）。

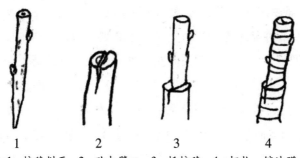

1. 接穗削面　2. 砧木劈口　3. 插接穗　4. 捆扎、缠地膜

图1　劈接（引自赵红茹《优质核桃丰产栽培技术》）

② 插皮舌接。常用于大树高接换优，此方法嫁接速度快，成

活率高。具体操作：将接穗剪成 12～15 厘米，包含 2～3 个饱满芽。接穗底部斜削成长 6～8 厘米的大削面，削面超过髓心，保证整个斜面较薄。将砧木离地面不超过 30 厘米处截断并削平锯口，在砧木光滑处，由上至下削去老皮，削面略大于接穗削面，露出皮层，在砧木侧削面从上端至下端纵切 2 厘米的切缝。

用手指轻轻捏开接穗削面背后皮层，使之与木质部分离，将接穗的木质部插入砧木的木质部和韧皮部皮层之间，使接穗的外皮贴在砧木的嫩皮上，接穗插入砧木，微露削面，最后用塑料条绑紧（图2）。此法应在砧木离皮时期采用。

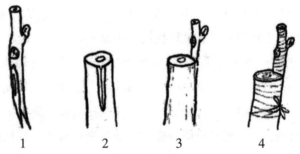

1. 削接穗　2. 削砧木　3. 插接穗　4. 捆绑、缠地膜

图2　插皮舌接（引自赵红茹《优质核桃丰产栽培技术》）

③ 插皮接（皮下接）。要求砧木离皮。首先将砧木剪断，并削平剪口，在砧木光滑处由上向下垂直划一刀，深达木质部，长约 1.5 厘米，顺刀口用刀尖向左右挑开皮层。将接穗下端一侧削成一个长 6～8 厘米的大削面（开始先向下切，并超过中心髓部，然后斜削）；接穗背面有 2 种削法：一种是在两侧轻削去皮层（从大削面背面往下 0.5～1 厘米处开始），此削法在插接穗时要在砧木上纵切，深达木质部，将接穗顺刀口插入，接穗内侧露白 0.7 厘米左右；另一种是将大削面背面 0.5～1 厘米处往下的皮全部切除，露出木质部，此削法在插接穗时不需纵切砧木，直接将

接穗的木质部插入砧木的皮层与木质部之间，使两者的皮部相接，然后用薄膜包严缠紧，接穗有芽处用单层薄膜包扎（图3）。

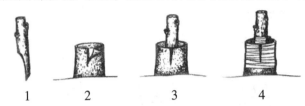

1. 接穗切削　2. 砧木开口　3. 插入接穗　4. 接口包扎

图3　插皮接（皮下接）（引自赵红菇《优质核桃丰产栽培技术》）

④ "T"字形芽接。先在接穗上选取芽片，切成长3~5厘米，上宽1.5厘米的盾形芽片。砧木以1~2年生为宜，在距地面10~20厘米处选光滑部位切一"T"形口，横向比接芽略宽，深达木质部，长度与芽片相当，切开后用刀挑开皮层，将接芽迅速插入砧木切口，往上推动芽片，同上部横切口密接，然后自上向下用塑料薄膜条包严绑紧（图4）。

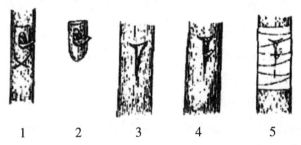

1. 切接芽　2. 芽片　3. 砧木 "T" 形口　4. 插入接芽　5. 绑缚

图4　"T"字形芽接（引自赵红菇《优质核桃丰产栽培技术》）

⑤方块形芽接。嫁接时在砧木当年生枝条上取长3~4厘米，宽0.5厘米左右的长方形皮块，并在砧木切口处下方留"出水口"或"出水槽"。在接穗上取同样大小带有一个饱满芽的芽片（接穗芽片宽度稍小于砧木切口宽度），接芽内维管束保持完整，

将芽片贴于砧木切口处，用薄膜绑紧缠严，接芽处用单层薄膜缠严（图5）。嫁接部位上留2个复叶，待嫁接芽萌发后在嫁接部位上端约4厘米处剪除砧木段，促进新芽生长。嫁接后及时抹除砧木上的萌芽。

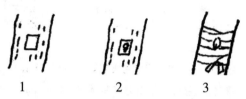

1. 砧木切口　2. 取芽片　3. 绑扎、缠地膜

图5　方块芽接（引自赵红茹《优质核桃丰产栽培技术》）

39. 怎样防止田间核桃砧木伤流？

伤流是影响核桃嫁接成活率高低的关键因素之一。由于核桃枝干受伤后容易出现伤流液，伤流液中单宁含量较多，不利于伤口愈伤组织的形成。同时，伤流液也会积累于接口，使砧木、接穗双方物质交换和生理活动（如呼吸作用等）受阻，遏制愈伤组织的形成，直接影响嫁接成活率。生产中常常采取以下方法减少伤流量或防止伤流现象发生：

（1）嫁接前对砧木放水

在嫁接前2周从砧木准备嫁接的部位以上10厘米处截去，嫁接时再往下截10厘米削平接口。

（2）断根放水

切断砧木根部主根20厘米，降低根压，减少伤流。

（3）水分管理

嫁接至成活前2周内不要灌水，以防伤流增大，影响嫁接成活率，同时要经常检查接头，若出现积水要及时造伤放水。

（4）推迟嫁接时期

伤流随植株的萌芽生长而逐渐减少，可先将接穗放在湿沙或冷库中贮藏（贮藏温度保持在 0~5℃），防止接穗干枯、发芽和霉变，待砧木展叶时再嫁接，可以有效防止伤流的危害，提高嫁接成活率。

（5）刻伤放水

在砧木苗干基部用刀刻伤口深达木质部放水。

40. 核桃苗木嫁接后如何管理？

核桃从嫁接到萌芽抽枝需要 30~40 天的时间，为保证其健壮生长，应加强以下管理：

（1）检查成活情况

通常芽接后 10~15 天即可检查其成活情况。当接芽新鲜、叶柄轻触即落时，表明已成活；叶柄不掉落，接芽干缩、发黑或变褐，则未成活。枝接通常需要 3~4 周后才能确定是否成活，成活的接穗呈青绿色，芽开始萌动；未成活的接穗皮部皱缩、干枯。

（2）除萌

及时除掉嫁接后砧木上的萌蘖，以免影响接芽萌发和生长。除萌宜早不宜晚，以减少不必要的养分消耗。核桃枝接一般除萌 2~3 次，当接芽新梢长至 30 厘米以上时，砧芽很少再萌发。

（3）剪砧

嫁接后有可能会遇到降雨和高温天气，可暂不剪砧，在接后 5~7 天可剪留 2~3 片复叶，到接芽新梢长至 10 厘米以上时，再从接芽以上 3~4 厘米处剪除。

（4）解除绑缚物，立支柱

枝接 2~3 个月后，要将接口绑缚材料放松一次，但不能将绑缚物去掉；当芽接接芽长到 5 厘米以上时，要及时松绑，以免绑缚过紧影响新梢生长。室外枝接的苗木，因砧木未经移栽，生长量较大，可在新梢长到 30 厘米以上时及时解除绑缚物；室内枝接或芽接的苗木，生长量较小，一般在建园栽植时解绑，防止起苗和运输途中接口劈裂。接芽萌发后生长迅速，枝嫩、复叶多，易遭风折。可在新梢长到 20 厘米时，在旁插一木棍，用绳将新梢和木棍绑结（不可太紧或太松），起固定新梢和防止风折的作用。

（5）水肥和病虫害管理

核桃嫁接成活之前一般不进行施肥和灌水，当新梢长至 10 厘米以上时应及时追肥浇水。前期施氮肥，可结合浇水每亩追施尿素 20 千克，20~30 天后每亩再追施尿素 20 千克。土壤缺水应及时灌溉，生产中可视叶片萎蔫程度适时浇水。一般上午 10 时前、下午 5 时后叶片萎蔫，说明核桃苗缺水，应及时浇水。施肥和灌水后及时松土除草。为使苗木充实健壮，秋季应适当控制浇水和施氮肥，增施磷肥和钾肥。

核桃嫁接期间的虫害主要有黄刺蛾和棉铃虫，以高效氯氰菊酯等杀虫剂为主进行防治。后期容易感染细菌性黑斑病，要在 7 月下旬每隔 15 天喷 1 次农用链霉素或防治其他细菌性病害的杀菌剂，共喷 3~4 次。9 月下旬至 10 月上旬，要及时防止大青叶蝉在枝条上产卵。

41. 如何用扦插法繁育核桃苗木？

扦插法使用的扦插棚宜采用普通日光温棚，配备棚外遮阴和喷水降温设施。

（1）扦插材料选择

选择健康的、生长繁茂、品质优良的核桃作为母树。在母树上选择生长苗壮、没有病虫害的半木质化萌条作为扦插材料。插穗长 14～18 厘米，生长有 4～5 片复叶。剪去插穗基部 6～10 厘米内的全部叶片，其余叶片保留 1/2，枝条每段上至少留有 2 个芽眼。

（2）扦插时间

宜在 4～5 月扦插，7～8 月由于气温较高而使成活率降低。

（3）扦插基质

基质配方可选腐木屑或蛭石：腐熟有机肥：生黄土 = 1∶1∶1，或壤土：腐叶土：沙 = 6∶3∶1。在扦插前对土壤消毒可有效减小烂根、立枯、猝倒等病害发生的概率，提高扦插成活率。因此，扦插基质混匀后可用杀菌剂消毒，再装入营养钵，营养钵规格为 8 厘米 ×15 厘米（直径 × 高）。

（4）插穗处理

用 4 000 毫克/千克的吲哚丁酸（IBA）溶液速蘸插穗基部 2～3 秒，晾干 2～3 分钟后插入营养钵内的基质中，深度 4～5 厘米，并保证插穗基部与基质结合紧密。

（5）插后管理

插穗生根前，保持棚内气温 25～35℃、空气相对湿度 85%～95%。当生根率为 60%～70% 时，延长通风时间，降低空气湿度。

插穗生根率达90%时，开放通风口，增加光照强度。

（6）移栽

开放通风口大约2周后，选择空气湿度高、光照强度弱、气温较低的时间将苗木移栽至阳光充足、排水良好的地方，株行距50厘米×80厘米。

42. 如何用营养钵法来培育核桃苗？

生产上培育核桃苗一般使用嫁接的方式，利用营养钵培育核桃苗可以提高核桃苗嫁接存活率，有利于培育壮苗，打破传统栽培的季节限制，具有一年四季均可栽培、方便栽植、更易成活和经济效益大幅提高的优点。具体方法如下：

（1）棚地的选择

选择背风向阳、平坦和灌溉排水方便的地方，土壤的 pH 值为6.5～8，建立温室大棚育苗基地。

（2）营养钵的选择

选择生物塑料做成的营养钵，直径约30厘米，高度约35厘米，以在培养过程中根不长出为佳，底部有能透水的小孔。

（3）营养土的配制

配制的营养土要具有良好的排水、透气和保水保肥能力，而且干净、卫生、无异味，核桃根系能旺盛生长。将12～20重量份的园土、15～25重量份的山泥、8～15重量份的河沙、4～10重量份的有机肥（经堆沤腐熟后）、8～15重量份的缓效氮肥、2～7重量份的三甲基甘氨酸、1～5重量份的赖氨酸混合，得到营养土。

（4）嫁接

嫁接核桃苗的砧木应选择至少一年生的亲和力强的实生核桃

苗，接穗选择优良母树上当年生枝条。具体嫁接方法详见问题38。

（5）培育

先将营养土放入营养钵中，然后将嫁接核桃苗栽植入营养钵中，一手持苗，一手舒展根系并将余下的营养土填入，以土面低于营养钵1~2厘米为宜，嫁接核桃苗栽植紧实、端正、位置居中，最后浇透定根水。

（6）管理

大棚育苗基地内应设有温度控制装置、湿度控制装置和光照控制装置；将大棚的环境保持在最适宜核桃苗生长的环境。另外，对营养钵中的幼苗定期浇水、施肥、除草和防病虫害。

43. 如何对核桃进行改劣换优？

（1）高接换优

高接换优是改造低产劣质核桃的有效方法之一。通过嫁接改换优良品种，使其性能提高，生长快，果实品质好。改造对象为核桃园内部分实生树和不适宜发展的品种。具体方法如下：

①选择砧木。选择立地条件好，树势生长旺盛，无病虫危害，树龄为5~15年生的低产劣质树。对立地条件好，但由于长期粗放管理，使土壤板结，营养不良所形成的小老树，应先进行土壤改良，通过施肥、扩穴、深翻等措施促进树势由弱转强，然后再进行改接换优，否则在改接后由于产量提高较快，树体得不到必要的营养补充，最终将导致树体早衰或死亡。

②接穗采集、贮运与处理。优良品种是改接核桃丰产优质的基础，因此高接用的接穗应从专用的采穗圃、优良母树或品种可靠的丰产园中采集。采穗时间应在春季萌芽前20天左右进行，

接穗宜用枝剪或高枝剪，忌用镰刀砍，剪口要平。采穗时应选择树冠中上部外围一年生的生长枝或发育枝，其粗度为 0.8 ~ 1.5 厘米，生长健壮、通直，芽子饱满，髓心较小，充分木质化，无病虫害。采穗后，将穗条根据长短和粗细进行分级，每捆 30 ~ 50 根，剪去顶部过长、弯曲或髓心超过粗度一半的不成熟的顶梢。有条件的最好用蜡封剪口，以防失水，最后用标签标明品种。用湿沙埋藏于阴凉通风的地下窖或用塑料膜包装贮藏于冷库中，贮藏的适宜温度为 0 ~ 5℃，相对湿度 80% 以上。

枝接接穗若需长途调运，最好在气温较低的冬初和早春运输，高温天气易造成霉烂或失水。严冬运输接穗时，应注意防冻。运输接穗前，先用塑料薄膜将接穗包好密封。长途运输时，袋内要放些湿锯末或苔藓。铁路运输时，要用木箱、纸箱或麻袋运输，也要采取保湿措施。

③砧木处理。a. 短截。将多余的主枝去掉，对保留的主枝进行短截处理，处理方法：3 年生以下的树，多主枝丛状形，春季萌芽前，在主干距地面 1 ~ 1.2 米处截干；3 年生以上的树，开心形或主干疏层形，在春季萌芽前将主枝保留 8 ~ 10 厘米后全部锯断。嫁接部位直径以 5 厘米以下为宜，过粗不利于砧木接口断面的愈合，也不便于绑缚。b. 放水。对春季枝接，砧木在嫁接前一周放水，在干基或主枝基部 5 ~ 10 厘米处锯 2 ~ 3 个深达木质部 1 ~ 1.5 厘米的锯口，呈螺旋状交错斜锯放水。也可利用断根放水，切断 1 ~ 2 厘米粗的根 1 ~ 2 条，使伤流提前从根部溢出。此外，为了避免大量伤流的发生，嫁接前后 20 天内不要灌水。

④高接时期及方法。高接时期可根据当地核桃物候期等情况来确定。春季高接一般多在砧木萌芽至展叶期间进行。高接过早时，砧木伤流量大，砧、穗不能紧贴，加之接穗不离皮，难以插

入。过晚时（幼果期），树体营养消耗过大，组织分生能力下降，同时影响当年新梢生长量。嫁接时要做到"快割、快接、快绑"，除萌时要做到"出头就抹，干净及时"。

⑤接后管理。a. 枝接接后管理。对高接未成活的核桃，可在当年选留 3～5 个生长位置好的健壮芽作为骨干枝培养，夏季进行芽接。高接后 20～25 天，接穗即可萌动发芽、抽枝展叶，这时每隔 2～3 天观察一次，对展叶的接包及时进行松绑放风，用刀尖在塑料袋的上端打开一小口，让嫩梢尖端伸出，放风口要由小到大，分 3 次打开，最好趁阴雨天或傍晚打开，防止日灼。及时抹除砧木上的萌芽，以免影响接芽的生长。若接穗枯死，留下 1～2 个位置合适的萌蘖枝，待夏季用芽接的办法进行补接或次年春季改接，否则会导致砧木死亡。当新梢生长到 30 厘米左右时，设立 1.5 米左右的支柱，将新梢轻轻绑缚在支柱上，以防风折，随着新梢的生长要绑缚 2～3 次。当枝接新梢生长到 60 厘米时，及时摘心，以增加分枝，促进木质化。高接 2～3 个月后，要及时解除接口处的绑缚物。b. 芽接接后管理。芽接后 10～15 天接芽萌发，及时抹除砧木上萌芽（包括复叶叶腋部位的芽和砧木上的芽）。接芽萌发 2 厘米左右时在嫁接部位上端 3～4 厘米处剪除砧木段。接芽长到 15 厘米左右时，在芽背面用刀纵切绑扎物松绑。在新梢长到 20～30 厘米时，立支柱引绑新梢（绑缚时在新梢处松紧适度），防止风折。8 月中旬当接芽长到 40 厘米时摘心，促使枝条木质化。

（2）改善核桃立地条件，加强管理

对立地条件差的核桃园，要通过修筑梯田、撩壕、挖鱼鳞坑等工程，结合种植绿肥作物和施入有机肥等对土壤进行改良，控制水土流失，改善立地条件，达到蓄水保土的目的。在此基础上，逐年进行土壤深翻，拓宽树盘活土层，改善核桃根系生长条件。对于树龄较大、放任多年的核桃，应通过适当间伐或修剪，调整树体结构，改善光照条件，培养合理的结果枝组，达到立体结果。同时，应加强核桃园土、肥、水管理，及时控制病虫害，逐步达到高产优质。

44. 优质核桃苗木的质量标准有哪些？

选择优良品种，培育优质苗木是核桃优质高产的首要条件，优质苗木要求满足以下条件：

①品种纯正，砧木地上部枝条健壮、充实，具有一定高度和粗度，芽体饱满；苗茎要通直，充分木质化。

②根系发达，须根多，断根少。

③无检疫对象、无冻害风干、无严重的病虫害和机械损伤。

④嫁接苗的接口部结合牢固，愈合良好，接口上下苗茎粗度要相近。

根据国家行业标准（LY/T 3004.3—2018），核桃嫁接苗质量等级要求如表4。

表4　核桃嫁接苗质量等级

项　目	特　级	Ⅰ　级
嫁接部位以上高度	≥120厘米	≥90厘米
嫁接口上方直径	≥1.5厘米	≥1.0厘米
主根长度	≥25厘米	≥20厘米
长度在10厘米以上的Ⅰ级侧根条数	≥15条	≥10条

45. 在核桃苗圃地中如何进行起苗？

核桃起苗一般从秋季落叶开始，到第 2 年春季树液开始流动时结束。核桃属深根性树种，起苗时根系易受损伤，且受伤后愈合能力差。根系保存的好坏对栽植成活率影响很大。因此，挖苗时应注意保护好根系，在起苗前一周灌 1 次透水，使苗木吸足水分，便于挖掘。浇水后需待土壤稍疏松、干爽后挖苗。

核桃起苗方法有机械起苗和人工起苗 2 种。机械起苗用拖拉机牵引起苗犁进行。在起苗过程中，根未切断时不要用手硬拔，以防根系劈裂。人工起苗要从苗旁开沟深挖，防止断根多、伤口大，力求多带侧根和细根。掘出的苗木不能及时运走时必须临时假植。对少量的苗木也可带土起苗，并包扎好泥团，最大限度地减少根系的损伤。起苗时尽量避免风吹日晒和下大雨。

46. 如何进行核桃苗木假植？

苗木起苗后如果不能及时外运或栽植必须进行假植。假植分为短期假植和长期假植（越冬假植）。短期假植一般不超过 10 天，可开浅沟，用湿土将根系埋严即可，干燥时需及时洒水。长期假植时，应选择地势较高、排水良好、较干燥、交通方便、不易受牲畜危害的地块挖假植沟。沟深约 1 米，宽约 1.5 米，长度依苗木数量而定，沟底要铲平，沟的方向与主风向垂直。在沟的一端堆起 30°~45° 的土坡，在坡底挖出宽 20~30 厘米、深 15 厘米的凹沟。将树苗根部放在凹沟内，平放一层，互不叠压，在根部均匀撒土，露出梢头。再向后退 50 厘米挖同样的凹沟，放好树苗，依次类推，各排苗错位排放。假植时若沟内土壤干燥应喷水，最后给整个假植沟盖土，土层厚 20 厘米左右。为了预防苗木受冻，冬季寒冷时，可以将土层加厚至 30~40 厘米，春暖后及时检查，以防霉烂。

47. 如何进行核桃苗木包装和运输?

核桃苗木包装时要分品种和等级。包装前应适当修剪过长的根系和枝条，一般将 20~50 株捆成一捆，挂好标签，根系最好蘸泥浆保湿，然后用塑料薄膜等包好。可以将吸饱水分的卫生纸团、锯末等塞于苗木根部缝隙间，排出空气，用塑料袋及编织袋扎好，外包装上贴标签，标明品种、等级、苗龄、数量和起苗日期等。

运输过程中，要注意防止风吹日晒，长途运输时要加盖苫布，并及时喷水，注意保湿，防止苗木发热和发霉，冬季运输应注意防冻。到达目的地后，立即解绑假植。苗木运输最好在晚秋或早春气温较低时进行，防止苗木提早发芽。外运的苗木要经过检疫，以防病虫害的蔓延。

第五章　核桃园的建立

48. 核桃对温度有何要求？

核桃属于喜温树种，天然产地大多是较温暖的地带，但不同品种适宜温度有差异。

（1）核桃

主要分布在暖温带和北亚热带。其适应性较强，适宜生长的温度范围为年平均气温 9～16℃，极端最低温度 −25℃，极端最高温度 35～38℃，无霜期 180 天以上。

核桃在不同发育阶段对温度的要求不同。在休眠期，幼树在 −20℃ 条件下会出现冻害；展叶后，如温度降到 −4～ −2℃，新梢会被冻坏；花期和幼果期，温度下降到 −2～ −1℃ 时，核桃则受冻减产。成年树虽能耐 −30℃ 低温，但低于 −28～ −26℃ 时，枝条、雄花芽及叶芽均易受冻害。如温度超过 38～40℃ 时，果实易受日灼伤害，核仁不能发育（常形成空苞）或变黑。

（2）泡核桃

泡核桃只适应于亚热带气候条件，耐湿热，不耐干冷。其适应生长的温度条件是年平均气温 13.7～18.9℃，最冷月平均气温 4～10℃，极端最低温度 −8.2～ −5.8℃。

温度是影响核桃产量的因子之一，在发展和生产中要注意温度的影响，尤其是对幼龄树，遇高温或低温时应及时采取防护措施。

49. 核桃对水分有何要求？

核桃能耐较干燥的空气，但对土壤水分状况却较敏感，土壤过于干旱或过于湿润都不利于核桃的生长发育，从而影响其产量。一般年降水量在 600~800 毫米且分布均匀的地区，基本能满足核桃生长发育的需求。对于降水量较低的地区，如果适时适量灌溉，也能保证核桃的正常生长和产量。泡核桃适宜在年降水量为 800~1 200 毫米的地区生长，干旱年份则产量下降。

一般土壤含水量为田间持水量的 60%~80% 时，比较适合核桃的生长发育。长期晴朗而干燥的气候，充足的日照和较大的昼夜温差，有利于促进开花结果。土壤干旱有碍核桃根系吸收水分和地上部枝叶的水分蒸腾作用，影响生理代谢过程，甚至提早落叶。当土壤含水量低于田间持水量的 60% 时，核桃的生长发育会受到影响，易造成落花落果和叶片枯萎脱落。幼壮树遇前期干旱和后期多雨的气候时易引起后期徒长，导致越冬后抽条干梢。土壤水分过多或长期积水，土壤通气不良，抑制根系呼吸作用，严重时根系腐烂，影响地上部分生长发育。

因此，核桃栽植点最好有水源和排灌系统，干旱时能灌水，渍涝时能排水。如在坡地及山地上栽植核桃时，必须修筑梯田撩壕，设置水土保持工程，在易积水的地方则需解决排水问题。

50. 核桃对光照有何要求？

核桃属于喜光树种，日照时数与强度对核桃生长、花芽分化

及开花结实有重要的影响。进入盛果期的核桃全年日照时数要在
2 000 小时以上，才能保证核桃的正常生长发育，达到产量高、
品质好。如不足 1 000 小时，则核壳、核仁均发育不良。特别是
雌花开放期，若光照充足，坐果率明显提高；如遇阴雨、低温天
气则易造成大量落花落果。核桃园边缘植株均表现生长良好，同
一株核桃的外围枝条比内膛枝结果多，也是光照不同所致。因
此，在生产中应注意栽植密度，采用丰产树形，适当修剪，不断
改善树冠内的通风、透光条件。

51. 地势和风对核桃生长有何影响?

核桃是风媒花，风是影响核桃生长发育的因素之一，无风不
行，风速过大也不好，适宜的风量和风速有利于核桃授粉，增加
产量。但核桃抗风能力比较弱，由于其一年生枝髓心较大，当冬
季、春季风速过大时，生长在迎风面的树易抽条干梢，影响树体
生长和开花结果。栽培中可以建防风林带来降低此危害。

核桃适宜的海拔高度一般为 500～2 000 米，宜选择坡度平
缓、背风向阳、土层深厚、水分状况良好的地块，避免在山谷、
低洼下湿地和风口地带栽植。同龄植株立地条件一致而栽植坡向
不同，核桃的生长状况有明显差异，种植在阴坡，尤其是坡度过
大和迎风坡上，往往生长不良，产量很低，甚至成为小老树，坡
位以中下部为宜。坡度大小主要通过影响土壤冲刷程度而影响核
桃生长。坡度越大，径流量越大，流速越快，水肥冲蚀量也越
大。因此，核桃适于定植在 10°以下的缓坡地带。坡度再大时，
可修筑等高的水保工程（水平窄带梯田等），以达到防止水土流
失的目的。

52. 核桃绿色生产对产地环境的要求有哪些?

(1) 生态环境

选择生态环境良好、无污染源或不受污染源影响或污染物含量控制在允许范围内的区域,远离工矿区、公路铁路干线和生活区,避开污染源。要求核桃产地周围 30 千米范围内不得有大量排放氟、硫等有毒气体的大型化工厂,特别是在上风向不得有污染源,不得有大型水泥厂、石灰厂、火力发电厂等大量排放烟尘和粉尘的工厂,远离重要交通干道,附近没有铜矿、硫矿等矿产资源。生产和生活用的燃煤锅炉需要除烟尘和除硫装置。

(2) 大气环境

要求核桃生产地大气质量稳定,大气环境主要考虑总悬浮颗粒物(TSP)、二氧化硫(SO_2)、氮氧化物(NO_x)、氟化物(F)、铅(Pb)等 5 个方面。大气环境状况要经过连续多年的抽样观察测定,测定结果要符合国家行业标准(NY/T 391—2021《绿色食品 产地环境质量》)的规定。

(3) 土壤环境

要求核桃产地土壤元素位于背景值正常的区域,周围没有金属或非金属矿山;土壤肥沃,有机质含量高,质地良好,根系主要分布层的土壤重金属元素和农药残留量符合国家行业标准(NY/T 391—2021《绿色食品 产地环境质量》)的规定。

(4) 灌溉水

选择地表水、地下水水质清洁、无污染的地区,水域及水域上游没有对该产地构成污染威胁的污染源;灌溉水质量要有保障,不能含有污染物,特别是重金属和有毒物质(如汞、铅、铬、镉、氟等)。

53. 对核桃园土壤造成污染的有害金属有哪些?

对核桃园土壤造成污染的有害金属主要有镉、砷、汞、铅、铬等。

（1）镉

主要来自金属矿山、金属冶炼和以镉为原料的电机、化工等工厂，可在人体内长期积累，损害人的肺、肾、神经和关节等器官，是一种毒性很强的金属。

（2）砷

主要来自造纸、皮革、硫酸、化肥、农药等工厂的废气和废水及煤的燃烧。含砷物质常被用作杀虫剂、杀菌剂、除草剂的生产原料。砷对植物的危害主要是阻碍水分和养分的吸收，无机砷影响营养生长，有机砷影响生殖生长。砷可与空气中的氧结合形成三氧化二砷，与人体内的蛋白酶结合，导致细胞死亡。另外，砷还是肺癌、皮肤癌的致病因素之一。

（3）汞

主要来自矿山、汞冶炼厂、化工厂等排出的"三废"及农业上有机汞、无机汞农药的使用。过量的汞会使植物的叶、花、茎变为棕色或黑色。汞主要侵害人的神经系统，使手足麻痹，全身瘫痪，严重时可使人痉挛死亡。

（4）铅

主要来自用汽油作燃料的机动车尾气、有色金属冶炼、煤的燃烧，以及油漆、涂料、蓄电池的生产企业等。铅主要被植物的根部所吸收和积累，并抑制植物的光合和蒸腾作用。铅污染食物，进入人体后会引起神经系统、造血系统和血管方面的病变，动脉硬化、消化道溃疡和脚跟底出血等也与铅污染有关。

（5）铬

主要来自冶金、机械、金属加工、汽车、制革、化工、医药等制造业排放的"三废"，过量的铬会抑制植物生长发育，并可与植物体内细胞原生质的蛋白质结合，使细胞死亡。铬对人体的毒害主要是刺激皮肤黏膜，引起皮炎、气管炎、鼻炎和变态反应；六价铬可以诱发肺癌和鼻咽癌。

54. 对核桃产地空气造成污染的有害气体有哪些？

气体污染主要来自工业或民用燃料燃烧、交通运输的废气排出。对核桃产地空气造成污染的有害气体主要有二氧化硫、氟化物、氮氧化物、氯气等。

（1）二氧化硫

二氧化硫是对农业危害最主要的大气污染物，由燃烧含硫的煤、石油和焦油时产生。二氧化硫从叶片的气孔侵入，破坏叶绿素，在叶脉间呈黄色或褐色斑块，引起组织脱水、叶片脱落；使花冠边缘呈褐色枯斑，花药干瘪，柱头萎缩，导致落花落果；还可使核桃果实发育受阻，失去商品价值。

（2）氟化物

氟化物主要有氟化氢、氟化硅、氟化钙和氟气等。它们是仅次于二氧化硫的大气污染物。主要来自使用含氟原料的化工厂、磷肥厂等排放出的废气。氟化氢是无色有臭味的气体，其毒性比二氧化硫大 20 倍，并因其比重较小，能够远距离扩散。氟化物从核桃叶片气孔进入，抑制树体内的葡萄糖酶、磷酸果糖酶等多种酶的活性，使叶绿素难以形成，阻碍光合作用，因而失绿；又能使钙营养失调，嫩叶或生长点溃烂而枯萎；使核桃受精率降低，果实发育受影响。

（3）氮氧化物

氮氧化物有一氧化氮、二氧化氮、硝酸雾等，以二氧化氮的毒害较大，多为汽车、锅炉及某些药厂排放的气体。在塑料大棚中氮肥过多，也会对植物造成伤害，其受害症状近似二氧化硫。

（4）氯气

氯气是黄绿色的有毒气体，来源于食盐电解、农药、漂白粉、合成纤维等工业生产时排放的废气。它能破坏细胞结构，使植株矮小，分枝少；阻碍水分和养分吸收，叶面褪绿，严重时焦枯；使根系不发达，后脱水萎蔫而死亡。

55. 如何选择核桃园地？

核桃生产中一项重要的基础工作就是建园，要以适地适树和品种区域化为原则，做到科学规划、严格实施。建园前，应全面地调查研究当地的气候条件、土壤、自然灾害发生状况、当地核桃的生长结果情况及以往出现的问题等，从而为建园提供依据。重点考虑以下几个方面：

（1）气候条件

建园必须选择核桃适宜的气候带，一般要选择在年平均温度9~16℃，绝对最低温度-20℃，年降水量600~800毫米，年日照2 000小时以上的地区建园。四川省核桃自然分布广，在没有气候资料情况下可根据"本地是否有核桃自然分布或人工种植、其生长结果和生态适应情况"来判定该地是否适合种植核桃。

（2）土壤条件

核桃喜光，地形应选择背风向阳的山丘缓坡地（坡度要小于10°，若坡度大于10°但小于25°时，则需修建水土保持工程）、平地及排水良好的沟坪地。核桃根系庞大，以土质疏松、保水透气性较好的壤土和沙壤土为宜，土层厚度应在 1 米以上。土壤 pH 值 6.3~8.2，最适 pH 值为 6.5~7.5。

（3）排灌和环境条件

一般来说，核桃较耐干燥的空气，但对土壤水分状况比较敏感。地下水位应在地表 1.5 米以下。土壤水分过多或长时间积水，土壤透气不良会使根系呼吸受阻，严重时根系腐烂，甚至导致整株死亡。因此，建园要做到排灌方便，达到旱能灌、涝能排。另外，核桃园地周围要无工业废水、废气等污染源。

（4）连作影响

核桃连作时，影响其生长结果。若必须种植，可以通过间作 2~3 年小麦、玉米等农作物或是挖大坑，清除原根系，新定植穴错开原坑，并换客土来减少连作的影响。避免在苹果、柳树、杨树、槐树等生长过的地方建核桃园，以防止根腐病的发生和根结线虫等病虫的危害。

56. 如何规划核桃园地？

园地选定后，根据建园任务及当地自然条件，本着集约化、规模化，充分利用土地、光能、空间的原则和便于经营管理对园地进行全面规划。主要包括以下 4 个方面：

（1）小区规划

为了便于管理，建立核桃园应遵循因地制宜的原则，将园地划分成若干生产小区。小区的划分要与地形、土壤条件、气候特点相适应，与园内道路、排管系统等相配合。山地建园以自然分布的沟、渠、道路划分，尽量与等高线平行，便于管理和进行水土保持工作。平地以 3~7 公顷（45~105 亩）为一小区，为了便于机械耕作，小区一般以长方形为好，方向最好为南北向，有利于获得较好的光照，提高果品产量和质量。

（2）道路规划

核桃园道路系统的规划，以便于机械化作业和田间活动、提高劳动效率、减轻劳动强度为原则。一般大中型核桃园由主路、支路和田间作业道路组成，全园各作业小区，都要用道路连接起来。道路的宽度以能通过汽车或小型拖拉机为准，主路宽5~7米，支路宽4~5米，作业道路宽2~3米。小型核桃园可只设支路，山地核桃园根据地形设置。

（3）排灌系统规划

建园时，必须建立起完整的灌水和排水系统。在山坡、丘陵地建园，可通过修建水库、池塘、水窖、坝等来拦截地面径流蓄水灌溉。在临河的山地建园，要设计安排提灌站、引水上山；若核桃园距河流较远，则利用地下水为灌溉水源，但水质必须是未受污染的合格水。平地建园时，可打井修渠满足灌溉，但核桃不耐涝，因此，对低洼易积水的地方，要建立排水系统。利用喷灌、滴灌、管灌等水利设施合理灌水，节约水资源。

（4）防护林规划

防护林的主要作用是降低风速，保持水土，削弱寒流，增加空气温度和湿度等。核桃园常选用林冠上下均匀透风的疏林林带和林冠不透风而下部透风的透风林带。对主要有害风的防护通常采用较宽的林带，称为主林带。主林带要与有害风向垂直，栽植3~5行乔木，带距300~400米，其余林带与道路结合，在路的一侧栽植1~2行乔木。防护林常由乔木、小乔木和灌木组成，选用的树种要材质佳、经济价值高、生长旺盛、冠形密集，与核桃无共同或互相传染的病虫害，行距2~2.5米，株距1~1.5米。林带与核桃园具有足够间距，一般南面林带距离核桃树20~30

米，北面距核桃树 10~15 米。山地的防护林应设在分水岭上。

57. 如何进行核桃栽培品种选择？

正确选用核桃品种是发展核桃产业成功的关键因素之一。只有最大限度地满足品种特性要求，采取有针对性的管理技术，才能达到优质、丰产、高效的目的。选用品种应遵循以下原则：

①必须是通过省级以上品种审定机构公布审（认）定的优良品种。

②切实了解品种的生长结果特性、坚果的主要特点及对栽培管理技术的要求，实施良种良法。

③了解品种对土壤、气候、地势及栽培管理技术等方面的要求，做到适地适树。一般选择 3~5 个最适品种重点发展，每个核桃园选择的品种以 1~2 个主栽品种为宜，不宜太多，目的是为了方便管理与降低生产成本。

④有充分的人力、技术、资金的投入和保障。

⑤根据用途（坚果、果仁、油用、材果兼用等）和市场需求，正确选定适用品种。

⑥注意雌雄花期一致的品种搭配，要选择 1~2 个雌雄花期一致的授粉品种，按（8~10）:1 的比例，呈带状或交叉状配置。

58. 如何进行核桃授粉树的配置？

核桃具有风媒传粉、雌雄异熟、有效传粉距离短及品种间坐果率差异较大等特点，为了确保核桃获得良好的授粉条件，建园时最好选用 2~3 个能够互相提供授粉机会的主栽品种。主栽品种与授粉品种的比例为（8~10）:1，可按 4~5 行主栽品种配置 1

行授粉品种或株间交叉的方式定植。具体要求如下：

①授粉品种的雄花花期与主栽品种雌花花期一致。

②授粉品种的花粉量大，花粉发芽率高，与主栽品种授粉亲和力强。

③能与主栽品种相互授粉。

④授粉树的品种坚果品质较好。

59. 核桃定植时间如何确定？

核桃定植的适宜时期应根据当地的气候和土壤条件而定。一般秋末落叶后（秋栽）到春季生长开始以前（春栽）进行。因这时苗木处于休眠状态，体内贮藏的营养丰富，水分蒸腾较少，根系易于恢复，栽植成活率较高。在冬季严寒的地区，低温时间长，易因生理干旱造成"抽条"或出现冻害而降低成活率，故以解冻后至萌芽前的春栽为宜。冬季较为温暖的地方，秋栽不易发生"抽条"，落叶后秋栽或萌芽前春栽均可。

60. 核桃定植密度如何确定？

核桃园的定植密度因核桃品种、生长环境及栽培技术水平的不同而不同，合理的栽植密度应该以单位面积能够获得高产、稳产、便于管理为原则。

不同品种密度不一：早实品种树体较小，结果早，坡地可采用5米×5米或4米×5米的株行距，每亩26~33株；平地采用5米×6米或5米×5米的株行距，每亩22~26株。晚实品种树冠大，结果较晚，可采用6米×8米或8米×8米的株行距，每亩10~13株。另外，不同地势、土壤和气候条件，采用的株行距不同。在地势平坦、土层深厚、肥力和管理水平较高的地块，树冠较大，株行距应大些；在立地条件较差的地块上建园，株行距应小些。实行粮经复合种植的可按（6～8）米×12 米的株行距栽植，每亩 7～9 株。山地栽植以梯田宽度为准，一般一个台面 1 行，台面宽于 20 米的可栽植 2 行，台面宽度小于 8 米时，隔台 1 行，一般早实核桃的株距为 4～6 米，晚实核桃的株距为 5～8 米。

61. 核桃栽植方式有哪些?

（1）林网式

林网式栽植是指在农田或田边、地埂等处，采用小密度栽植核桃，林中长期间作农作物，也被称为农林间作，可以起到保护农田、提高农作物产量的作用，在农作物管理过程中也可以间接起到管理核桃的效果。核桃在农田中的配置方式大体上可分为 3 种，一是采用大行距，正常株距配置；二是采用带状配置，带间有较大距离；三是株行距都加大，即所谓"满天星式"栽植。林网式栽植密度一般在每公顷 150 株以下。

（2）普通园片式

在确定栽植密度的前提下，可结合当地自然条件和核桃的生物学特性，采用以下普通园片式栽植方式：

①等高线栽植。山坡地多采用此种方式。按等高线栽植，有利于水土保持和核桃管理。山坡地在整梯田或鱼鳞坑时要求按等高线布点挖，在梯田或鱼鳞坑中栽植核桃时均是等高线栽植。

②长方形栽植。它是生产上广泛采用的方式。行距大于株距，有利于核桃园通风透光，便于行间间作、机械化耕作及管理。

③正方形栽植。株距和行距相等，便于管理。

④三角形栽植。株距大于行距，两行植株互相错开，呈三角形排列，按等边或等腰三角形栽植，可充分利用空间。此种栽植可提高单位面积上的株数，但不便于管理和机械操作。

⑤带状栽植，即宽窄行栽植。一般以2行或几行核桃为一带，带距为行距的3~4倍。带内栽植为正方形或长方形。由于带内较密，群体抗逆性较强，但单位面积内栽植的株数较少。

（3）矮化密植

利用核桃矮化品种及矮化技术，使核桃体矮小紧凑，合理增加单位面积的种植密度。矮化密植栽植具有早实丰产、优质、低耗、高效等优点，是世界经济林发展的趋势。但矮化密植栽植对环境条件和栽植技术要求较高，宜在土壤肥沃、理化性质良好、有灌溉条件的地方建园。矮化密植栽植分为计划性密植和矮化性密植2种。

①计划性密植。初植时在普通栽植密度的基础上，在株间和行间加密，增加1~3倍数量的临时植株，并采取措施，加强管理，使其尽早收益。在树冠互相交接前，分年度间移临时植株，逐步达到永久密度，也称变化性密植。如早实核桃，为了提高早期产量，初植密度可加大到3米×4米，以后逐渐隔行隔株间移成6米×8米。

②矮化密植。指采用早实品种或矮化技术培养小冠树形，从而达到密植的目的。矮化密植的密度因树种、品种、立地条件及树形而有很大差异，从每公顷几百株到上千株不等。树形主要有小冠疏层形、纺锤形、自然开心形。

62. 如何进行核桃种植穴的挖制及施肥回填？

定植穴最好是秋栽夏挖、春栽秋挖，可使土壤晾晒，充分熟化，积存雨雪，有利于根系生长。一般来说，定植穴直径和深度均应大于 0.8 米，如果土壤黏重或下层为石砾、不透水层，则应加大加深定植穴，并采用客土、增肥、填草皮土或表层土等办法，以改良土壤质地，促进根际土壤熟化，从而为根系生长发育创造良好条件。干旱缺水的核桃园，蒸发量大，应边挖边栽，有利于保墒，提高成活率。地下水位高或低湿地的核桃园，应先降低水位，改善全园排水状况，再挖定植穴。

挖穴时应以栽植点为中心，挖成上下一样的圆形穴或方形穴，并且将表土与心土分开堆放。定植穴挖好后，将表土、有机肥和化肥混合后进行回填，每个定植穴施优质农家肥 30～50 千克、磷肥 3～5 千克，然后浇水压实。

63. 核桃定植后如何管理？

（1）保水保墒

核桃苗定植后立即浇定根水，一定要浇足浇透，10 天左右再浇一次水。如遇高温或干旱气候应及时灌水。水源不足的地区，浇透水后，应立即将树盘用秸秆或地膜覆盖，以减少土壤水分蒸发，提高地温，同时抑制杂草生长，提高土壤肥力。每次浇水或雨后及时松土除草，深度 10～15 厘米。

（2）补栽与除萌

春季萌芽展叶后，及时检查苗木成活情况。采用嫁接苗建园时，嫁接部位以下的砧木常常萌发新芽，不仅浪费营养，抑制嫁接部位以上生长，甚至可能导致嫁接部位以上死亡。因此，要对砧木长出的实生萌芽及时掰除，保证嫁接部位以上枝条正常生长。

（3）定干

新建的核桃园，要达到成园整齐，可按苗木等级和生长情况进行合理定干。定干高度要依据品种特性、栽培方式、土壤和环境条件等来确定。立地条件好的核桃园，定干可以高一点；平原密植园，定干要适当低一些。

一般来讲，早实核桃体较小、结果早，干高可留 0.8~1.2 米。晚实核桃冠大，定干高度宜为 1.2~1.5 米。间作或机械作业省力化栽培时，定干高度为 1.5~2.0 米。立地条件差的核桃园，定干宜低，反之可高些；稀植园，定干高度宜高，反之则低些。果材兼用型品种，定干高度可在 3 米以上。对达到定干高度的新植幼树，栽后立即定干，并用漆封伤口。对达不到定干高度的新栽幼树，若顶芽饱满，可不短截，待第 2 年达到定干高度要求时再定干；对顶芽不饱满的，可在饱满芽上方 3~4 厘米处短截，第 2 年再定干。若顶芽坏死，可选留靠近顶芽的健壮侧芽，促其向上生长，待达到一定高度后再定干。

（4）间作

核桃定植后，树冠未郁闭前可进行适当间作。间作时可选择豆类、薯类、蔬菜、浅根性中药材等植物，并在树行两侧留足营养带，保证核桃幼树与间种作物的正常生长发育。

（5）施肥

核桃栽植当年施肥以叶面喷肥为主。从 5 月中旬开始，每 15 天喷 1 次 300~500 倍尿素液，7 月下旬停止氮肥供应。8 月起每 15 天喷 1 次 300~500 倍磷酸二氢钾，至落叶前结束。秋季施基肥，每株施农家肥 5~10 千克，过磷酸钙 0.5 千克，基肥采用环状沟施，沟深 40 厘米，施肥后浇水。

（6）中耕除草

栽植当年，核桃幼树很容易被杂草掩盖，尤其是 6~8 月幼树快速生长期，也是杂草疯长时期。要加强管理，及时松土除草。

（7）防灼伤

对于含沙较多的土壤，为防止因地表温度过高烫伤苗木根颈，应在5月底以前，对幼树根部进行覆草，以降低根颈处的地表温度，使苗木免受伤害。

（8）病虫害防治

生长季注意保护叶片不受虫害，发现虫害及时喷药。5~6月注意防治蚜虫，7~8月气候干旱时注意防治红蜘蛛；为保护叶片不受病菌的侵染，全年视情况而喷施2~3次杀菌剂，可结合治虫，5~6月1次，7~8月1~2次。

（9）幼树防寒防冻

核桃幼树枝条髓心大，含水量较高，抗寒性差，在寒冷冬季容易出现抽条，影响幼树树冠的形成。因此，在定植后的1~2年内，需要对幼树进行防寒。一是提高树体自身抗冻性和抗"抽条"能力。按照前促后控的原则，加强水肥管理，7月以前以施氮肥为主，7月以后以磷肥为主，并适当控制灌水；8月中旬以后对正在生长的新梢进行多次摘心，并控制开张角度；9月上中旬喷0.3%~0.5%磷酸二氢钾，控制枝条生长，增强树体贮藏营养的能力和抗寒性；11月上旬浇一次透水，提高土壤含水量，减少"抽条"的发生。二是埋土防寒，在核桃基部30厘米范围内培一土堆，以防冻伤根颈及嫁接口，在来年春季气温回升且稳定后去掉，整平树盘。三是涂白防寒，幼树涂白可缓和枝干阴阳面的温差，防寒效果较好。

第六章　核桃的土、肥、水管理

64. 如何进行核桃园土壤改良?

若核桃栽植地的土壤养分、结构、pH 值等对其生长不利,为了满足其在生长过程中对土壤的水、肥、气、热和 pH 值的需求,需要进行土壤改良。主要方法有以下 5 种:

(1) 深翻土壤

翻耕可以改善土壤通气性和水分渗透性,提高土壤肥力和核桃产量。深翻扩穴和隔行深翻是生产实践中常见的 2 种深翻方式,对树木根系伤害较小且易于机械化操作。核桃深翻的深度一般在 40~60 厘米,为避免伤及主根,深翻沟的距离一般在树干 1 米以外。深翻时,表土、心土要分开堆放,回填时,要先在沟内填埋有机物,如作物秸秆等,之后先将表土与有机肥混匀填入沟内,心土撒开铺于上层。

(2) 增施有机肥

核桃需要充足的营养供应才能保持生长和产量,可以通过施有机肥、腐熟堆肥等方式来增加土壤的肥力。有机肥营养全面、肥效期长,可以通过施用有机肥来提高土壤中的有机质含量,并且施用有机肥可以改善土壤结构和质地,提高土壤透气性与保水能力，同时促进核桃对营养元素的吸收、增强核桃的抗病能力，促进核桃健康生长。

（3）应用土壤结构改良剂

土壤结构改良剂可以促进土壤微生物的活性，增加土壤结构的稳定性，帮助形成团聚体结构，提高土壤孔隙度和透水性，减少表层土壤侵蚀，并增加土壤的肥力和持水能力。同时，合适的改良剂也可以调节土壤中的 pH 值来提供更优质的土壤环境。

（4）培土

培土法是改良土壤的有效手段之一，它能增加土层厚度及土壤孔隙度及土壤的物理性状和化学性状、增强土壤持水能力等。对于沙质土壤，添加适量黏土可以增加其结构稳定性，提高土壤的肥力。对于紧实、黏重性较强的土壤，掺入一定量的沙土可以影响土壤微生物的活性和增加土壤的透气性，改善核桃种植条件，提高核桃园生产效率。

（5）酸性与碱性土壤改良

对于核桃园土壤 pH 值过低或过高的情况，需采取对应措施对土壤 pH 值进行调节。若土壤 pH 值为酸性，添加生石灰并搭配农家肥进行改良；也可通过施加草木灰的方式，中和土壤的酸性。对于 pH 值为碱性的土壤，可以施加硫黄粉或者硫酸铝等物质进行调节。

四川各地区土壤的结构与特点不同，具体的土壤改良方法需在当地实践基础上制订。同时，应咨询专业人员，以确保土壤改良措施的有效性和操作的正确性。

65. 核桃园土壤耕作主要有哪些方法？

优良的土壤耕作是确保核桃生产的关键因素之一，可有效地提升核桃的产量和品质,在种植时应根据其对土壤的要求和土壤的特性,采用机械或非机械方法改善土壤耕层结构和理化性状,以达到提高土壤肥力,消灭病虫杂草,协调土壤中水、气、肥、热等因素的目的。目前,应用最广泛的核桃园土壤耕作方法有清耕法、生草法、覆盖法和间作法,不同的土壤耕作方式对核桃生长的影响有所不同。

(1)清耕法

清耕法是一种传统的土壤耕作方式,其基本原理是将田间杂草彻底清除,便于核桃利用土壤中的养分和水分。该法可以提高土壤的通气性和透水性,促进吸收光合产物,但核桃对于营养元素的需求较高,此时需要通过施肥来补充,增加养分供给。

(2)生草法

生草法是一种更加环保、经济、智能化的栽培管理方式。它可以使土壤持续不断地得到有机物质的补充,改善土壤结构和性状,从而为核桃的生长提供更好的生态环境。生草法可以刈割并覆盖废弃的草层,这些草层会逐渐分解并转化为有机质,从而促进根际的微生物活动,增加土壤养分含量,提高土壤疏松透气性。再者,它还能防止水土流失,减少土壤肥力缺乏等问题,从而有效地提升土壤肥力。

(3)覆盖法

覆盖法可以减少土壤水分的蒸发损失,提高天然降水的利用率,以此提高核桃产量。采用这些覆盖方法会使土壤养分保存得更好,在干旱时期节约土地水资源供给,获得最佳生产效果。

(4)间作法

间作法是指在核桃行间、株间栽种另一种矮秆作物的栽培管理方式。通常间作会使核桃生长良好，害虫危害减少，产品风味佳且经济效益高。

在选择适合的土壤耕作方法的过程中，需要考虑到不同的种植条件。一般情况下，土壤肥沃、降水充足或已经长期有浇水的区域可采用生草法，以调节养分和水分的供给，同时改善土壤的质量。而在干旱地区，则应以清耕为主，把有限的水分、养分集中供给核桃生长。同时，还需考虑到相应的气候条件及经济和劳动力等多种因素的影响，选择合适的土壤耕作方式会提高核桃的产量，并最大限度地实现经济价值。

66. 核桃园清耕法的优缺点是什么？清耕如何操作？

清耕法是指在核桃园内结合中耕除草、施基肥或追施化肥、秋翻秋耕等进行的人工或机械耕作方式，是目前核桃生产管理中使用最为广泛的土壤耕作方法之一。

（1）清耕法的优点

可以改善土壤的疏松度，增加土壤中的空气和水分，有利于核桃根系呼吸，促进核桃根系的生长和发育；有利于早春土壤回温，促进发芽；抑制核桃园内的杂草生长，不仅可以减少杂草与核桃的养分竞争，还可以减少病虫害的发生；有利于释放出土壤中的矿物质，从而为树体提供必需的营养元素。

（2）清耕法的缺点

过度的清耕可能会导致土壤侵蚀和质量恶化，阻碍水分渗透和根系的生长；破坏核桃近地表的根系，并且会加速有机质的分解，不及时施肥容易营养不良；清耕的工作量大，增加了管理消耗；多次重复的耕作，会使土壤中活性微生物数量减少，并降低核桃园的生物多样性，也影响核桃园土壤的生态环境。

（3）清耕法的操作

主要包括深耕、浅耕和中耕除草。在春季，为了保墒和疏松土壤，可进行早春中耕，一般在雨后或灌水后的土壤湿润时进行疏松，深度在 15 厘米左右，中耕可以有效减少核桃园土壤表面水分蒸发，并能有效抑制杂草早期生长。夏季是杂草生长旺盛的时期，为了不伤及核桃根系、消灭杂草并保持土壤透气性，应选择浅耕的方式来进行除草，有效提高土壤保水能力。核桃园每年需要浅耕 3~5 次，深度约 10 厘米。秋季应进行深耕来清除杂草根系，且此时处于核桃地下部的生长高峰期，根系受伤容易愈合并长出新根，深耕的深度一般掌握在 20 厘米左右。在进行清耕作业时，应该结合实际情况和地区特点进行选择，并适时调整作业方式。另外，耕作可与核桃追肥相结合，尤其是在无浇水条件的山地核桃园，雨前将化肥撒入核桃园，通过耕作把肥料埋入土中，可节省用工。

67. 核桃园生草法的优缺点是什么？生草如何操作？

生草法是指在核桃间种植草本植物，一般以豆科与禾本科植物为主，以实现地面覆盖，减少土壤水土流失和提高土壤肥力，同时需要适时进行施肥、灌溉和刈除等管理工作。

（1）生草法的优点

采用生草法只需要在整个核桃生长周期内进行一定的管理即可有效避免土地的空置期，减少了对人工的需求；在核桃下增加草本的生长，可以改善土壤的结构和保水性，有助于核桃生长结果；生草刈割后覆盖于地面，草根留于土壤中，增加了土壤有机质含量，改善了土壤结构，协调了土壤水、肥、气、热条件，对核桃生长结果有良好作用；有利于创造生态平衡环境，提高核桃园抗灾害的能力，生草核桃园土壤温度和湿度的季节和昼夜变化小，有利于核桃根系的生长和吸收。

（2）生草法的缺点

长期草本种植可能会造成核桃园土壤表层板结，影响核桃根系生长和营养吸收，故需要定时清理核桃园；其他植物会与核桃争夺水肥，尤其是在草木旺盛生长期，草根对养分的吸收会强于核桃，导致核桃缺乏氮元素和水分，根系上浮且生长势减弱。

（3）生草法的操作

对于核桃园，可以选择全园生草或仅在树冠下和行间道路进行生草管理。在水肥条件好的核桃园，通常使用全园生草以调节水肥，促进核桃旺盛生长，保持树势均衡。而在水肥条件一般的山地核桃园，可以采用行间生草的方法，在核桃行间进行播种，生长季后刈割并覆盖在核桃周围土壤上，达到补充土壤养分的效果。

适用于生草法的草种需要具备耐阴、耐踩和抗旱的特点，同时对土壤和气候有广泛的适应性。在生草法的实施过程中，不仅需要经常进行刈割，而且还需要每2年进行一次局部草坪更新，每5年全园更新一次。最适合作为核桃下生草的草种有三叶草、黑麦草等，可以选择豆科和禾本科牧草混播，根据不同草种的生长特性进行适当的播种管理。在草种生长到30厘米时，需要进行及时的割剪，如果有机械割草条件，可以使用割草机将草打碎并覆盖在核桃盘周边，也可以手工割草，并将所割草覆盖于土壤表面，让其自然腐烂。

68. 核桃园覆盖法的优缺点是什么？覆盖如何操作？

覆盖法是利用各种材料在核桃园的树盘、株间甚至整个行间进行覆盖的管理方法。该方法覆盖材料包括作物秸秆、杂草、塑料薄膜和沙砾覆盖。该方法有利于增加土壤有机质且保持水土，适用于土壤干旱、贫瘠的地区，多以秸秆与地膜为主。

（1）覆盖法的优点

覆盖材料可以降低土壤和核桃表面温度波动，减少水分蒸发，从而保持土壤湿度和根系的健康；可以隔绝光照，阻断杂草生长，减轻除草工作强度。覆盖可以改善土壤微环境和提高土壤肥力，提高核桃的产量和品质；可以有效地控制土壤侵蚀和水分蒸发，减少灌溉次数和用水量，降低对环境的影响。

（2）覆盖法的缺点

覆盖材料上的多年积累物和湿润环境容易滋生害虫和病原体，需定期清理更换。铺设、拆除和更新覆盖材料需要投入大量人力和物力。如需灌溉，水流会被覆盖物阻挡，使得灌水困难。

（3）覆盖法的操作

覆草厚度以 20~30 厘米为宜。全园覆盖不利于水分尽快渗入土壤，因此在生产中建议在树盘处覆草。覆盖前需要在两行树之间挖一个畦埂或作业道，树畦内整平，使近树干处略高，宽度在 30~50 厘米。在覆草时，要在树干周围留出大约 20 厘米的空隙。对于地膜覆盖，建议在早春追肥、整地、浇水或降雨后趁墒覆盖，在覆盖过程中，需要将膜四周用土压实，并在膜上压一些土，以防强风和水分蒸发。覆盖后，土壤耕作不便进行，所以在覆盖前应当结合深翻进行施肥，保持良好的土壤通气、透水能力与土壤肥力。

69. 核桃园间作法的优缺点是什么？间作如何操作？

由于正常生长的核桃结果需要 4 年以上，为了充分利用环境资源，特别是在幼龄核桃园，可以进行间作。

（1）间作法的优点

核桃体高大，根系较深，能够占据地面上层空间和利用深层的土壤营养与水分，经济作物相对矮小，可以利用近地面空间和浅层土壤营养与水分，通过核桃园间作能够提高光能利用率和土地利用率，提高幼龄核桃园的早期收益。在核桃园内间作经济作物，可以减少杂草生长，抑制一些在核桃园中容易传播的病虫害生长和繁殖。选择合适的间作经济作物可以改善核桃园土壤理化性质。

（2）间作法的缺点

间作经济作物易与核桃产生水分、养分等的竞争，并且长期间作容易导致土壤中某些营养元素的缺乏，不利于核桃的高产优产。间作植物的选择有限，只能选择耐阴、生长快、矮小、与核桃需水临界期错开且有经济价值的经济作物。

（3）间作法的操作

具体间作植物的选择应根据当地的具体条件与时期进行合理安排，但一般核桃的间作植物以豆类、绿肥、薯类、花生等为主，不可选择高秆作物，容易遮光。在间作植物种植期间，加强土壤耕作，尽量避免间作植物与核桃争夺水分、养分和阳光，间作植物要与核桃保持一定距离，留出清耕带。管理应以核桃管理为重点，加强树盘周围中耕除草和水肥管理，不可本末倒置。间作植物种植不可重茬，避免个别营养元素缺失或累积，影响核桃正常生长。

70. 核桃各时期的需肥特点是什么？

通常将核桃的生长发育时期分为幼龄期、结果初期、盛果期、衰老期 4 个时期。

（1）幼龄期

幼龄期是指从核桃长出幼苗开始到开花结果前的这段时间。对于嫁接苗，则是指从嫁接开始到开花结果前。这个时期，核桃冠和根系都处于加粗生长和伸长生长阶段，以营养生长为主，需要大量养分来支持其快速生长，并且氮肥的消耗量较大，因此为了保证幼树的快速生长和成活率，应该多使用氮肥和有机肥，注意磷肥和钾肥的使用，以促进树体的快速生长，为日后核桃的丰产优质打下基础。

（2）结果初期

结果初期是指核桃从结果开始的时间到结果产量相对稳定的时期。在核桃果实初期，核桃不仅需要继续生长树体，并且需要进行生殖生长，需要积累养分来支持其正常发育，可以适当增加磷肥和钾肥的使用，以促进花芽分化与果实生长，此时应适当降低氮肥的用量，避免枝叶生长过旺而影响果实品质。

（3）盛果期

盛果期是核桃开始大量结果的时期，营养生长与生殖生长都较为旺盛且相对平衡，树冠和根系已经扩大到最大限度，产量和效益达到高峰，是主要产出阶段。此期主要任务是通过加强施肥、灌水、植保和修剪等综合管理措施，调节树体营养平衡，防止出现大小年结果现象，延长结果盛期时间。因此，需要通过施肥给树体供给营养，不仅保证氮、磷、钾营养元素平衡、充足，还可以增加有机肥使用，保证高产稳产。

（4）衰老期

衰老期是从核桃产量开始下降到树体死亡的时期。枝干开始枯竭衰老，结果枝组大量减少。此时需要及时处理未能发育健康的果实，以减轻树体的负担，保证其他果实能够正常成熟和生长，并且增加钾肥的施用，以维持核桃正常代谢，抵御各种胁迫，提高核桃产量。

71. 核桃园常用的肥料有哪些种类?

核桃园常用的肥料种类主要包括有机肥、化学肥料和生物肥料等。

（1）有机肥料

有机肥料由天然有机物质经过发酵、腐熟或化学加工制成，它能提供核桃生长所需养分，含有较多有机物，是一种迟效性肥料，在土壤中会逐渐被微生物分解，具有养分释放缓慢、肥效期长的特点，能满足核桃生长的全周期养分需求。当有机质转变为腐殖质后，还具有改善土壤结构和质地、增强土壤水分保持能力和空气透气性、提高土壤肥力的效果。其养分比较齐全，是一种完全性肥料，一般做基肥使用，施入核桃根系集中分布层。有机肥料种类多、来源广，如厩肥、粪肥、饼肥、堆肥、绿肥，主要以畜禽粪肥、堆沤肥、绿肥为主。

（2）化学肥料

化学肥料又称为无机肥料，是由氮、磷和钾等元素组成的，经过加工制造后形成各种类型的化学肥料。其成分单纯，某种或几种特定矿物质元素含量高。化学肥料能溶解在水里，易被核桃直接吸收，肥效快，但施用不当会对土壤有一定的负面影响，如土壤中微生物数量减少、影响土壤结构等。此外，长期使用化学肥料也可能导致土壤盐化、酸化等问题，对环境和生态系统造成潜在威胁。在化学肥料中，按所含养分种类又分为氮肥、磷肥、钾肥、钙镁硫肥、复合肥料、微量元素肥料等。

常用的氮肥有尿素、氨水、碳酸氢铵、硝酸铵、磷酸二氢铵等。尿素是一种含有46%左右氮元素的二元化合物，它不易吸潮、易流失，于土壤水分较丰富的温暖环境下表现比较好。铵态氮肥包括硫酸铵、氯化铵等，由于其对土壤pH值具有一定的酸性作用，因此适合土壤pH值偏高和缺乏铵的核桃园。氨水呈碱性，可用于改善酸性土壤pH值。

常用的磷肥有过磷酸钙、重过磷酸钙、钙镁磷肥、磷矿粉。过磷酸钙适用于中性、石灰性土壤，可作基肥与追肥使用。磷矿粉适合在低酸性或中等酸度的土壤上施用，可以缓解酸性土壤的贫瘠状态并提供必要的营养元素。

常用钾肥有硫酸钾、窑灰钾肥，二者均可用作基肥与追肥。硫酸钾适用于中性至碱性土壤，窑灰钾肥适用于酸性土壤。

复合肥料中含有氮、磷、钾3种元素中的2种及以上，通常作为追肥使用。常用的有磷酸一铵、磷酸二氢钾等，它们可以全面满足核桃不同生长阶段的营养需求，提高施肥效率，增加其产量及品质，且能够最大限度地降低土壤硬化和土壤酸化等问题，减少环境污染。

（3）生物肥料

生物肥料是指含有大量活性微生物的肥料，施入土壤后，这些微生物在适宜条件下可以与土壤内某些物质发生反应，与化学肥料不同的是，生物肥料并不直接提供植物所需养分，而是通过刺激土壤微生物的积极活动，来间接提供树体所需的营养物质和产生激素来刺激核桃的生长。根瘤菌类、固氮菌类、解磷解钾菌类、抗生素菌类和真菌类等是常见的生物肥料种类。

72. 核桃的施肥应掌握哪些关键时期?

核桃的施肥分为基肥与追肥,具体的施肥时期应根据核桃品种的需肥特点进行。

基肥通常选用迟效性肥料,主要是有机肥料,也可以配合施入一定的无机化肥,他们能够为核桃提供长期的营养支持,促进其健康生长和良好发育,基肥的使用还可以改善土壤质量,增加核桃园的产量。核桃园基肥在9月中旬至10月中旬施入以畜禽粪肥、堆沤肥、绿肥为主的有机肥,在条件允许的情况下,还可以适量添加速效性氮肥或磷肥等肥料,以加强基肥的作用效果。秋季核桃果实采收前后,树体内的养分被大量消耗,花芽分化也处于高峰时期,亟须补充大量的养分,此时施用基肥有助于树体营养水平的提高,有利于枝芽充实健壮,增加抗寒力。同时,此时核桃根系处于生长旺盛期,在断根后可以及时恢复并长出新根,有利于养分的吸收。过晚施基肥会导致树体所需养分补充不及时,影响花芽分化质量。

追肥是指在基肥施用之后,在树体生长期中对养分进行补充,以满足核桃在不同生长发育阶段对养分的大量需求。追肥是核桃生产中非常重要的一环,对于核桃优质高产而言是不可或缺的。追肥主要采用速效性肥料,如尿素、硫酸铵以及复合肥等,追肥的次数和肥料的施用量也需要根据核桃的生长发育规律进行科学合理的安排。一般而言,核桃幼树每年追施2~3次,成年树3~4次。核桃的追肥关键时期主要有萌芽期、幼果发育期、硬核期3个时期。

①萌芽期:萌芽期是核桃生长发育中的重要时期,也是促进开花坐果和新梢生长的关键时期。此时,核桃的生理活动日益旺

盛，生长速度较快，需要大量的营养物质来保障发叶抽梢和开花结果等生理活动顺利进行。因此，应当在3月左右萌芽前（或开花前）进行追肥，及时补充土壤速效养分，尤其是土壤氮元素。

②幼果发育期：幼果发育期是核桃生长发育中的另一个重要时期，也是减少落果、促进幼果迅速膨大及新梢生长和花芽分化的关键时期。核桃幼果通常在6月左右进入膨大期和新梢速生期，此时也是花芽分化期。追肥能够满足核桃幼果膨大和新梢生长所需营养，减轻落果，同时满足核桃花芽分化所需碳水化合物，增加花芽形成数量，提高花芽质量，保证翌年的坐果率和产量。此时的追肥应注意氮肥、磷肥和钾肥配合施用，不可偏施氮肥，不然可能导致营养生长过剩。

③硬核期：硬核期是核桃生长发育中的最后一个关键时期，也是供给核仁发育所需的养分，保证坚果充实饱满的关键时期。在7月左右进行追肥，主要采用氮、磷和钾三元复合肥，以供给核仁发育和花芽分化所需的大量磷肥和钾肥。这次施肥不仅是当年生产的保证，也是翌年丰产的基础，具有重要意义。

73. 核桃生产中基肥如何施用？施用多少量适宜？

基肥是指在定植前或生长季前后施入的以有机肥料为主、能较长时期供给核桃多种养分的基础肥料，其主要目的是供给核桃全周期生长所需要的养分，并且具有改良土壤环境的作用。

核桃的基肥一般在秋季果实采收后至落叶以前（9月中旬至10月中旬）结合秋季深翻进行。此期施基肥，能使基肥在当年有充分的时间释放养分，促进树体吸收利用，充分发挥肥效。在施肥前，需要将树体周围残留的作物和杂草清除干净，以免影响肥料的吸收和利用，根据土壤的性质和核桃对养分的需求，选择适合的基肥，常用的有机肥有禽畜肥、绿肥等，并结合复合肥、磷肥、钾肥等施用。基肥的施用方法有沟施、穴施等，一般在核桃行间或株间开沟，施肥沟在树冠投影边缘向内，沟宽 40~50 厘米，长度依树冠大小而定。施肥后，及时进行覆土或拌土，将肥料与土壤混合，并且要注意及时浇水，保持土壤湿润，促进肥料的溶解和核桃的吸收利用。同时，要注意施肥量和施肥方法，避免过量施肥或不当施肥，导致土壤污染和核桃受损。

基肥中农家有机肥的施用量应根据核桃龄或树冠投影面积而定，施用量可按 1~2 年生树株施 5~15 千克，3~5 年生树株施 30~50 千克，6~10 年生树株施 50~100 千克，11 年生以上树株施 80~120 千克；或每平方米树冠投影面积施 5 千克，即树冠投影面积为 20 平方米的核桃施 100 千克。施用基肥时，农家有机肥具体施用量可根据土壤肥力、核桃品种、植株长势和挂果量等适当增加或减少，施用时还应适当地配施一定量的化学肥料，以促进有机肥的分解。若为商品有机肥，则还应根据肥料性质与使用说明确定合理施用量。

74. 核桃生产中追肥如何施用？施用多少量适宜？

追肥是对基肥的补充，是在核桃生长期中，针对其生长需求进行营养补充的一种肥料施用方式。追肥可以提高核桃的养分吸收和利用效率，促进树体生长和发育，增加果实产量和改善品质。常见的追肥包括氮肥、磷肥、钾肥等，追肥的施用时间、施用种类及施用量需要根据核桃的生长情况和土壤情况来确定。追肥的施用很灵活，可以在核桃出现特定缺素症状时对症追肥，也可以在特定的需肥时期施用，追肥时首先要了解核桃具体养分的需求量，并根据核桃的生长状况和土壤肥力，选择适当的追肥时机和肥料种类。

追肥的方式分为根部追肥和根外追肥 2 种。

根部追肥在追肥前，要对土壤进行充分地松土和保湿处理，以便肥料更好地渗透和吸收。根据核桃的生长情况和需求量，将肥料按照一定比例混合后，用条施或环状施肥等方式施入核桃根部土壤，并在追肥后及时浇水，以帮助肥料渗透到土壤中，促进其吸收和利用。

根外追肥是把适当的营养液喷洒到核桃地上部的叶片表面，以解决其生长期间缺乏养分的一种施肥方法。根外追肥时间以早晨最好，此时空气湿度大，溶液易被吸收，傍晚亦可，但雨前、强光暴晒和大风天气不宜喷施。

追肥应注意肥料的施用量和频次，避免过量施肥和频繁追肥，以免对土壤和核桃体造成负面影响。定期检查核桃的生长情况和肥料的施用效果，若施肥结果不理想，则及时调整追肥策略，以达到最佳的追肥效果。

核桃追肥量因树龄、树势、品种、土壤和肥料的不同而不同，生长较旺的幼树应多施磷肥、钾肥，少施氮肥，以控制枝条的生长，促进芽的成熟，使其提早进入结果期。对处于盛果期但生长较弱的核桃应当增加氮肥和钾肥用量，使氮、磷、钾比例适当，保证大量结果和生长发育需要。进入衰老期的大树应多施氮肥，以复壮树势，延长结果年限。

核桃每平方米树冠投影或冠幅面积的建议年追肥总量为：氮元素 50 克、五氧化二磷和氧化钾各 10～20 克（平均为 15 克），即树冠投影面积为 20 平方米的核桃，每株施氮元素 1 千克（折合尿素约 2.2 千克）、五氧化二磷 0.3 千克（折合过磷酸钙约 2.5 千克）和氧化钾 0.3 千克（折合硫酸钾约 0.6 千克）。追肥时，早实核桃应适当增施磷肥和钾肥，而晚实核桃应适当减施磷肥和钾肥。另外，进入盛果期后追肥量还应根据核桃龄和产量的增加而适当增加。追肥时期建议在萌芽前（或开花前）、幼果发育期、硬核期和果实成熟采收期分4次结合中耕除草和施基肥等同时施入，各时期施用量分别占全年总追肥量的35%、20%、15%和30%。在具体追肥过程中，各时期的追肥量还应根据核桃生长和挂果情况适当增加或减少。

75. 核桃根部追肥的方式有哪些?

（1）放射沟施肥

此种方法一般用于5年生以上核桃。具体做法是：从树冠边缘的不同方位开始，向树干方向挖4~8条放射状施肥沟，沟宽30~50厘米，沟深20~40厘米，具体视根系的深浅而定，要尽量少伤根。长度则视树冠大小而定，一般1~2米，不同年份的施肥沟位置要错开。

（2）环状施肥

此种方法一般用于4年生以下的幼树。具体做法是：在树干周围，沿着树冠外缘，挖1条深30~40厘米，宽30~50厘米的环状施肥沟，然后将表土与肥料混合施入沟底，再用行间表土填满，心土撒于行间。基肥可以埋深一些。

（3）穴状施肥

穴状施肥是以树干为中心，从树冠半径的1/2处开始，挖成若干个小穴，穴的分布要均匀，宽30~40厘米，将肥料直接施入穴中，灌水，覆土。

（4）条状沟施肥

此法多用于幼树及密植园。在树冠投影外缘相对的两侧，分

别挖宽、深各 40~50 厘米的平行沟，长度视树冠大小而定，一般
1~3 米，第 2 年挖沟的位置应换到另外两侧。

（5）全园撒施

此方法适用于平地核桃园。先将肥料均匀地撒在全园，然后
结合翻耕进行覆盖。其缺点是肥料的消耗大，经常撒施易导致根
系上翻。

（6）水肥一体化

此法是将肥料和灌溉水进行一体化控制，并结合土壤、气
候、核桃对养分的需求量等因素进行科学的施肥和灌溉管理。通
过精准地施肥和灌溉，能够满足核桃在不同生长时期的营养需
求，节约用水的同时提高产量和品质。

以上对根部施肥的方法需要注意，在施肥后均应进行灌水，
以利于增加肥效；每种施肥方法均应选择合适的肥料类型、用量
和施用时机，避免施肥不足或过量。

76. 核桃根外追肥的作用及注意事项是什么？

根外追肥是指将营养液配制成特定浓度的水溶液，并通过喷
洒叶面的方式让核桃吸收养分、促进生长的肥料施用方法。通常
在土壤基肥施用不足或者未及时追肥的情况下使用，尤其适用于
核桃生长关键期。与传统土壤施肥相比，它具有作用快、用量
少、不受土壤条件限制等优势，能避免某些元素在土壤中被固定
而难以吸收，同时也可以方便混入其他药剂一起施用。这种施肥
方式尤其适合缺水少肥的地区，叶面追肥应当注意以下事项：

（1）选择合适的肥料种类

叶面追肥应依据核桃对养分的需求来确定肥料种类，做到营
养补充合理、适宜，尤其是一些微量元素肥料在土壤施肥中未涉

及，叶面喷施就显得更为重要。一般选择易溶于水的化学肥料，可单施或几种混施，混施时应注意肥料间不能相互影响。

（2）选择适宜的肥料浓度

叶面追肥常用肥料种类及对应浓度如下：尿素 0.3%~0.5%，硫酸铵 0.1%~0.3%，硝酸铵 0.1%~0.3%；草木灰 1%~6%，氯化钾 0.3%，硫酸钾 0.5%~1%；磷酸二氢钾 0.2%~0.3%，磷酸铵 0.3%~0.5%，过磷酸钙 1%~3%；硼砂 0.2%~0.4%，硼酸 0.1%~0.5%，硫酸镁 0.2%~0.3%，硫酸亚铁 0.2%~0.4%，氯化钙 0.5% 等。一般核桃生长前期由于枝叶幼嫩，追肥浓度宜低；生长后期枝叶成熟，追肥浓度宜高。气候多风干燥时，应适当降低浓度；潮湿天气可适当提高浓度。

（3）注意喷施时间

时间应选择晴天的上午 10 点前或下午 4 点后，否则会因为高温及强烈的阳光照射，导致肥液蒸发过快，影响肥料的吸收效果，甚至可能造成肥害。施肥时的温度最好在 25~30℃，肥液的温度应比日常气温略低为好。大风天气不可进行叶面追肥，会影响施肥效果。

（4）喷肥要细致均匀

通常要以叶片背面或枝上部的幼叶为主，正、反两面都要喷到，这是因为相比老叶，幼叶的生理机能旺盛，气孔所占比重大，肥液渗透量大；叶背面比叶正面气孔多、角质层薄，并且有较大的细胞间隙和疏松的海绵组织，能使肥液充分渗透和被吸收，吸肥快而多。将叶片喷至全部湿润，肥液欲滴而不掉落为最佳，在喷肥后 6 小时内如遇雨应及时补喷。

根外追肥具有及时补充营养的效果，但其只是一种补肥的应急措施，不能代替土壤施肥，两者结合才能取得良好效果。根外追肥可以结合病虫害防治进行，但碱性农药不能同酸性肥料混喷，以免酸碱中和失去两者的作用。

77. 核桃氮元素缺乏或过剩的症状、原因与解决措施是什么?

（1）氮元素缺乏

①症状。叶片较小且叶色较浅，枝条生长量减少，叶子早期变黄，提前落叶，核桃生长不良，影响果实的形成和发育。

②原因。土壤含氮量低。如沙质土壤易发生氮元素流失、挥发和渗漏，因而含氮量低；或者土壤有机质少、熟化程度低、淋溶强烈；多雨季节，土壤因结构不良而内部积水，导致根系吸收不良，引起缺氮；核桃抽梢、开花、结果所需的养分主要靠上年贮藏在树体内的养分来满足，如上年栽培不当，会影响树体氮元素贮藏，易发生缺氮；施肥不及时或量不足也易造成秋季抽发新梢及果实膨大期缺氮；大量施用未腐熟的有机肥料，因微生物争夺氮源也易引起缺氮。

③解决措施。a. 在缺氮时，首先可以通过施用化学肥料来进行补充；b. 有机肥料中含有大量慢速释放的有机氮，能够为核桃提供持续的氮源；c. 豆类植物具有固氮能力，能够促进土壤中氮的积累，通过适当引入豆类或其他富含氮的绿肥作物进行间作或套种，既可以充分利用土地，同时又可以通过植物自身的固氮能力深化土壤质量及满足核桃对氮元素需求。

（2）氮元素过剩

①症状。核桃新梢生长旺盛甚至徒长，叶片大而薄且不易脱落，新梢停止生长时间延迟；营养积累差，不能充分进行花芽分化；枝条不充实，幼树不易越冬；结果树落花、落果严重，果实品质降低。

②原因。施氮过多，或施氮时间偏迟；偏施氮肥，磷肥、钾肥等配施不合理，养分不平衡。

③解决措施。a. 控制氮肥的施用量，降低施肥过度对核桃生长发育的影响；b. 施用含有钾和磷元素的肥料来增加土壤中钾、磷元素的含量，平衡土壤中氮元素过剩所带来的不利影响；c. 土壤氮元素充裕时，可以在核桃林下选择合适的经济作物进行间作或套种，在增加收入的同时，还可以积极利用土壤养分，改善核桃园土壤理化性质。

78. 核桃磷元素缺乏或过剩的症状、原因与解决措施是什么？

磷肥能促进核桃生根、开花、结果，增强其抗逆性，提高核桃的产量。

（1）磷元素缺乏

①症状。叶色呈暗绿色，新梢生长很慢，新生叶片较小，枝条明显变细，而且分枝少；叶柄及叶背的叶脉呈紫红色，叶柄与枝条呈钝角。严重缺磷时，叶片由暗绿色转为青铜色，叶缘出现不规则坏死斑，叶片早期脱落；花芽分化不良，延迟萌芽期，降低萌芽率；根系发育不良，树体矮小等。

②原因。土壤过酸或过碱，磷元素与铁、铝、钙结合生成难溶性化合物而固定，使磷的有效性降低；土壤干旱缺水，影响磷向根系扩散；施氮过多，施磷不足，营养元素不平衡；若长期少光、低温，会导致核桃根系发育不良，影响磷的正常吸收。

③解决措施。a. 磷肥和有机肥一起做底肥施用，改良土壤，在酸性土壤上可配施石灰，调节土壤 pH 值，减少土壤对磷的固定；b. 同时选择合适的肥料，酸性土壤宜选择钙镁磷肥，中性或石灰性土壤宜选用过磷酸钙；c. 灌水时最好采用温室内预热

的水，以提高地温，促进核桃根系生长，增加对土壤内磷的吸收。

（2）磷元素过剩

①症状。核桃呼吸作用增强，消耗大量糖分，从而使枝、叶生长受到抑制；影响氮、钾的吸收，使叶片黄化；水溶性磷酸盐可与土壤中锌、铁、镁等元素生成溶解度较小的化合物，从而降低其有效性，使核桃表现出缺锌、缺铁、缺镁等症状。

②原因。主要是由于频繁施用磷肥或一次性施磷过多。

③解决措施。a. 平衡施肥，增施氮肥和钾肥，选择低磷肥料，以适度减少磷供给，消除磷过剩；b. 喷施氨基酸复合微肥600～800倍水溶液，每7天喷一次，连续喷2～3次，可以缓解磷过剩症状；c. 通过采用合理的间作模式，如种植豆科或薯类作物来吸收和储存磷元素，平衡土壤磷含量，降低土壤磷过多对核桃产生的影响。

79. 核桃钾元素缺乏或过剩的症状、原因与解决措施是什么？

（1）钾元素缺乏

①症状。核桃体内钾的流动性很强，缺钾多表现在生长中期以后。轻度缺钾与轻度缺氮的症状相似，叶片呈黄绿色或白色，叶片叶脉间出现黄化，叶面皱缩，叶片沿中脉正面呈合拢趋势，叶缘向叶正面卷曲；逐步发展为整片叶黄化，继而发展为叶缘、叶尖干枯；缺钾症状严重的枝条，新梢中部或下部老龄叶片边缘附近出现暗紫色病变，夏季几小时即枯焦，使叶片出现焦边现象，而后病变为茶褐色，使叶片皱缩卷曲。果实绿皮在果实尚未正常成熟之时即皱缩。

②原因。土壤供钾不足，一些土壤全钾含量低或质地差，土壤钾素流失严重，导致有效钾不足；大量偏施氮肥而有机肥和钾肥施用少；高产核桃园钾素携出量大，土壤有效钾亏缺严重；土壤中施入过量的钙和镁等元素，因拮抗作用而诱发缺钾；排水不良，土壤还原性强，根系活力降低，对钾的吸收受阻。

③解决措施。a. 增施有机肥，并且适当增加钾肥的使用，在表现缺钾症状的地块，可株施0.5~1千克的硫酸钾；b. 控制氮肥用量，保持养分平衡，减少缺钾症状的发生；c. 排水防涝，因为若土壤过湿，会影响根系呼吸或根系发育不良，从而减少核桃对钾元素的吸收。

（2）钾元素过剩

①症状。土壤高钾会引起其他元素缺乏症，如缺镁、钙、锰和锌等。

②原因。长期大量使用含钾肥料，如氯化钾、硫酸钾等，而未对土壤进行适当调节和补充其他营养物质。

③解决措施。a. 减少钾肥的使用，并合理增加其他元素肥料的使用，做到营养均衡；b. 通过提高土壤的空气含氧量和水分排泄能力，促进钾元素的转化、吸收与利用；c. 间作能够吸收大量钾元素的经济作物，帮助平衡核桃园土壤中的钾素含量。

80. 核桃钙元素缺乏或过剩的症状、原因与解决措施是什么?

（1）钙元素缺乏

①症状。核桃根系短粗、弯曲，尖端不久褐变枯死。地上部首先表现在幼叶上，叶小、扭曲、叶缘变形，并经常出现斑点或坏死，严重的枝条枯死。

②原因。土壤有效钙含量低，施肥不当，偏施化肥，尤其是

过多使用生理酸性肥料会造成土壤酸化，促使土壤中可溶性钙流失，造成核桃缺钙；有机肥用量少，不仅钙的投入少，而且土壤保存钙的能力也弱，尤其是砂性土壤中有机质缺乏，更容易发生缺钙现象；干旱年份因土壤水分不足，易导致土壤中盐分浓度增加，抑制核桃根系对钙的吸收；生理性缺钙，核桃长势越快，对钙的需求量越大，如果不及时补充就会出现缺钙症状。

③解决措施。a. 控制化学肥料用量，特别要控制氮肥和钾肥的用量；b. 施用石灰或石膏改善酸性土壤，减少土壤中钙的固定；c. 注意保持土壤水分，在土壤缺水时，会影响根系对钙的吸收；d. 增施有机肥是提高土壤有机质含量、增强土壤对钙保持能力的有效措施，可持续保证根系的吸收。

（2）钙元素过剩

①症状。钙素过多会导致土壤偏碱且板结，使得铁、锰、锌、硼等元素不能被吸收，导致核桃缺素症的发生，核桃生长缓慢，并且结出的果实变小。

②原因。在核桃园长期使用富含钙质的无机肥料、有机肥料或者含钙量过高的复合肥等导致土壤渐渐累积而出现过多钙元素堆积；某些土壤本身就富含钙质；进行不当的土地改造，如大力石灰化或缺乏充分的排水措施均会导致土壤钙含量偏高。

③解决措施。a. 在施钙剂时控制好剂量，避免过多地施用；b. 可以使用一些含有氮、磷、钾等元素的肥料，调节土壤中的营养元素比例，达到平衡养分供应的目的；c. 保证核桃园土壤通风和排水良好，有助于防止土壤硬化和淤积情况的发生，减少钙元素过量积累的风险。

81. 核桃镁元素缺乏或过剩的症状、原因与解决措施是什么?

（1）镁元素缺乏

①症状。镁是叶绿素的主要组成元素。缺镁时，核桃叶片中叶绿素不能形成，表现出失绿症，缺镁症状先见于老组织，首先在叶尖和两侧叶缘处出现黄化并逐渐向叶柄基部延伸，留下"V"形绿色区，黄化部分逐渐枯死呈深棕色。

②原因。一些土壤本身含镁量低，核桃不能得到足够多的生长所需的镁元素，如质地粗的河流冲积物发育的酸性土壤；温暖湿润、高度淋溶的轻质壤土，也会使交换性镁含量降低。此外，大量施用石灰、过量施用钾肥及偏施铵态氮肥，也易诱发缺镁症。

③解决措施。a. 增施有机肥，土壤施入镁石灰、钙镁磷肥和硫酸镁等含镁肥料，一般镁石灰每公顷施入750~1 000千克，或用钙镁磷肥600~750千克；b. 叶面喷施氨基酸镁一类的含镁叶面肥，可以迅速治疗缺镁症。

（2）镁元素过剩

①症状。过多的镁元素会对土壤中其他营养物质的吸收造成妨碍，进而导致核桃钙、锌等微量元素的摄取状况出现问题。

②原因。长期使用富含镁质的无机肥料、有机肥料或者含镁量过高的复合肥等导致土壤中过多的镁元素堆积；如果灌溉用水来源或地下水质量不良，则可能会将含有较高含量镁元素的水源引入土壤中。

③解决措施。a. 减少或者暂时停止镁的施用；b. 使用磷酸型肥料可以促进金属镁在土壤中形成难溶、盐态结晶状态，并降低其容易被吸附和循环利用的概率，降低核桃园内土壤镁含量；

c. 尽量避免选用含有大量无机盐或矿物质成分的地下水等偏硬水源。

82. 核桃硫元素缺乏或过剩的症状、原因与解决措施是什么?

（1）硫元素缺乏

①症状。蛋白质合成受阻导致失绿症，其外观症状与缺氮相似，但发生部位不同。缺氮黄化叶先出现在老叶上，而缺硫症状往往先出现在幼叶上，幼芽变黄，心叶失绿黄化，有时出现紫红色斑块；植株矮小，茎细弱，叶细小，根细长且不分枝，开花结实推迟，果实减少。

②原因。缺硫情况主要出现在由花岗岩、砂岩和河流冲积物等母质发育的质地较轻的土壤，它们含全硫和有效硫均低。

③解决措施。a. 适当增加硫元素的施入；b. 防止土壤被水淹，增加有效硫的含量；c. 保持核桃根系的健康生长，有利于根系吸收硫元素。

（2）硫元素过剩

①症状。过量的硫元素会在土壤中形成酸性环境，阻碍其他微量营养元素的吸收，导致核桃叶片发黄、老化和果实发育不良。

②原因。过多的施用化学肥料会导致产生过量硫元素，如果在核桃园施用过多的硫肥，或者其他含有较高硫含量的化学肥料，都有可能导致土壤中硫元素的过量累积，如核桃园常用的硫酸钾、硫酸铵、石硫合剂和波尔多液等都含有硫。

③解决措施。减少含硫肥料的使用，并且可以多施氮肥，促进叶片的发育，使核桃不至于因硫过量而落叶。

83. 核桃硼元素缺乏或过剩的症状、原因与解决措施是什么?

（1）硼元素缺乏

①症状。缺硼时核桃体生长迟缓，枝条纤细，节间变短，小叶呈不规则状，有时叶小呈萼片状，小叶叶脉间出现棕色小点，小叶易变形，幼果易脱落，严重时顶端抽条死亡。

②原因。主要是全硼含量低导致土壤有效硼缺乏，核桃体表现缺硼症状；成土过程改变了微量元素硼的含量与分布，如黄土发育的土壤全硼含量不低，但有效硼含量则偏低，同样表现出土壤不能满足核桃生长需要，呈现缺素症状；土壤酸度不适，吸附固定导致土壤缺硼；施钾肥过多会加重土壤缺硼，因钾肥对硼有拮抗作用。此外，土壤质地太粗或缺乏有机质都会导致缺硼；偏施氮肥容易引起氮和硼的比例失调及稀释效应，加重核桃缺硼；雨水过多或灌溉过量易造成硼离子淋失。

③解决措施。a. 硼缺乏可以增施有机肥，改善土壤结构；b. 注意适时适量灌水，合理施肥；c. 进行根外追肥，可以及时补充硼元素。

（2）硼元素过量

①症状。硼在核桃体内随蒸腾流移动，水分随蒸腾散失而硼残留，叶片尖端及边缘硼浓集，所以硼过剩主要表现于叶片周缘，症状首先表现在叶尖，逐渐扩向叶缘，使叶组织坏死。严重时，坏死部分扩大到叶内缘的叶脉之间，小叶的边缘上卷，呈烧焦状。

②原因。硼中毒易发生在干旱地区与硼污染的土壤上，另外当灌溉水硼含量大于 1 毫克/升时，容易发生硼过剩。硼肥施用过多也会引起硼中毒。

③解决措施。a. 避免使用被硼污染的土壤；b. 将酸性土壤的酸碱度调整为中性或弱碱性，可以减轻毒害；c. 灌水淋洗土壤可以降低硼含量。

84. 核桃锌元素缺乏或过剩的症状、原因与解决措施是什么?

（1）锌元素缺乏

①症状。缺锌时表现为核桃枝条顶端的芽萌发期延迟，叶小而黄，卷曲，呈丛生状，被称为小叶病，新梢细、节间短。严重缺锌时全树叶子小而卷曲，枝条顶端枯死叶片从新梢基部向上逐渐脱落，果实变小。部分树体早春表现正常，夏季则部分叶子开始出现缺锌症状。

②原因。首先是土壤条件，在中性或偏碱性的钙质土壤中锌的有效性低，以及有机质含量低的贫瘠土壤中有效锌含量不足，容易导致缺锌症状；另外过量施用磷肥也会引起缺锌，不仅对核桃根系吸收锌有明显的拮抗作用，还会因为其体内磷锌比失调而降低锌在树体内的活性；浇水频繁、伤根多、修剪过重等也易发生缺锌。

③解决措施。a. 在缺锌的核桃园内增施锌肥，施硫酸锌一般每公顷用 15~30 千克，并根据土壤缺锌程度及固锌能力进行适当调整；b. 在缺锌土壤上做到磷肥与锌肥配合施用，同时还应避免磷肥的过分集中施用，防止局部磷锌比失调而诱发核桃的缺锌症；c. 叶面喷施是补充树体锌元素最好、最迅速的方法。

（2）锌元素过剩

①症状。高浓度的锌元素可能对核桃根系、茎叶等植物器官造成毒害，锌肥施用浓度不当或施用量过多时易造成核桃叶片灼伤、枯枝落叶，同时会伴随叶片失绿黄化的现象，影响核桃的正

常生长和发育。

②原因。过量使用含锌的化学肥料是造成核桃体内锌过量的主要原因，一些含锌的化学肥料虽然可以给核桃提供必要的营养元素，但是如果施用过多，就会造成锌元素在土壤中累积；灌溉水源被污染也容易导致锌含量超标。

③解决措施。a. 在管理中要优化施肥时间、方法、肥料品种等因素，避免过度施用含锌化学肥料；b. 对土壤和水源进行定期检测和评估，并采取科学、合理的灌溉措施，确保核桃的健康生长。

85. 核桃铁元素缺乏或过剩的症状、原因与解决措施是什么？

（1）铁元素缺乏

①症状。铁在核桃体内不易移动，因此最先表现缺铁的是新梢顶部的幼嫩叶片，缺铁时幼叶失绿，叶肉呈黄绿色，叶脉仍为绿色，严重缺铁时叶小而薄，全叶变为黄白或乳白色，叶片出现棕褐色枯斑或枯边，甚至发展成烧焦状和脱落，易出现整株黄化。

②原因。缺铁大多发生在石灰性为主的碱性土壤，因为土壤pH值高，会降低铁的有效性；大量施用磷肥会诱发缺铁症状，主要是由于土壤中过量的磷酸根离子与铁结合会形成难溶性的磷酸铁盐，使土壤有效铁减少；土壤中有效态的铜、锌、锰含量过高对铁吸收有明显的拮抗作用，也会引起缺铁症；雨水过多也会导致缺铁症，雨水会使石灰性土壤中的游离碳酸钙分解为二氧化碳，引起碳酸氢根离子的积累，从而降低铁的有效性，导致缺铁。

③解决措施。a. 改良土壤，改善土壤酸碱度、土壤结构和

通气性；b. 合理施肥，控制磷、锌、铜、锰肥及石灰质肥料的用量，以避免这些营养元素过量对铁产生拮抗作用；c. 施用铁肥，如施用氨基酸铁，可采取叶面喷施、树干注射和埋瓶等方法。

（2）铁元素过剩

①症状。过量的铁摄入会导致核桃体内活性氧迸发引起铁中毒，造成叶片变黄，落叶严重或部分脱落。

②原因。如果在核桃园中过量使用含铁化学肥料，就会导致土壤中的铁元素增加，并且过多的铁元素会被核桃吸收，从而使核桃园土壤和核桃果实中的铁含量过高。

③解决措施。a. 在施用肥料时，可以选择不含或含少量铁元素的化学肥料，以避免铁元素的过剩积累；b. 灌溉时要确保用清洁的水源，避免使用铁含量高的污染水源。

86. 核桃锰元素缺乏或过剩的症状、原因与解决措施是什么？

（1）锰元素缺乏

①症状。核桃体缺锰时，表现有独特的褪绿症状，失绿是在脉间从主脉向叶缘发展，褪绿部分呈肋骨状，梢顶叶片仍为绿色。严重时，叶肉和叶缘有焦枯斑点，叶子变小易掉落，产量降低。

②原因。锰缺乏在耕层浅、质地粗的山地沙土会出现土壤有效锰供应不足的情况，在石灰性土壤中会因为 pH 值高，使得锰有效性低；过量施用石灰等强碱性肥料，会使土壤有效锰含量在短期内急剧降低，从而诱发缺锰；土壤溶液中铜、铁、锌等离子含量过高，也会引起缺锰症的发生。

③解决措施。a. 改良土壤，可通过施入有机肥和硫黄粉来

改善 pH 值，增加有效锰的含量；b. 进行土壤施肥和叶面施肥，根据缺乏的程度，每公顷土壤施入 15~30 千克硫酸锰，叶面喷施 0.05%~1.0% 氨基酸锰或硫酸锰可迅速改善症状。

（2）锰元素过剩

①症状。核桃功能叶的叶缘失绿黄化甚至焦枯，呈现为棕色至黑褐色，提早脱落。

②原因。施用酸性肥料过多，会引起土壤酸化，锰大量转变为水溶性锰，导致锰过剩症的发生；降水过多，土壤渍水，有利于土壤中锰的还原，活性锰增加，也会促发锰过剩。

③解决措施。a. 减少土壤中酸性肥料的施入，尽可能使用碱性肥料，以减少土壤中的水溶性锰含量；b. 改善核桃园的土壤环境，控制土壤中的水分含量，防止土壤渍水的发生。

87. 核桃氯中毒发生的原因与解决措施是什么?

（1）原因

过量使用含氯化肥或氯类农药，如氯化铵、氯化钾及含氯复混肥，会导致核桃园土壤和果实中的氯含量增加，尤其是将肥料集中施在根际时更易引起氯害。

（2）解决措施

a. 要严格控制含氯化学肥料的施用，特别是含氯化铵及氯化钾的施用，以防因氯离子过多而对树体造成危害；b. 在没有灌溉条件的核桃园及在干旱季节，不宜使用含氯化学肥料，若要施用最好配施有机肥和磷肥，并尽量作基肥，而且应远离核桃根系；c. 优化土壤排水系统、改善土壤结构，增强土壤自然淋洗作用，以减少氯离子在土壤中的积累；d. 当发现核桃产生氯害时，应及时把施入土中的含氯肥料移出，同时叶面喷施氨基酸钾、氨基酸硒等叶面肥以恢复树势。对氯害严重的核桃体，要进行重修剪，以尽快恢复其生产能力；e. 对于土壤中氯含量过多的问题，可以考虑利用适当的生物修复技术、化学修复技术或物理修复技术解决。

防治土壤中氯含量过多是一个持续性的过程，需要依靠长期的管理和监测来保证土壤的健康和生态环境的稳定。

88. 核桃的主要灌溉时期有哪些？

核桃具有一定的耐旱性，在干旱的气候和环境下，它能够适应并保持一定的生长和发展。但这并不意味着核桃完全不需要灌溉，如果长期处于没有水分补给的干旱环境下，核桃果实产量及质量都会受到不同程度的影响，表现为树干收缩、果实变小等。核桃在生长发育的不同时期对水分的需求有所不同，按照核桃的生长发育规律，需水量较大的时期一般有如下 3 个时期：

（1）萌芽前后

3~4 月，此时核桃开始发芽抽枝，此期物候变化快而短，几乎在 1 个月的时间里，需完成萌芽、抽枝、展叶和开花等生长发育过程，需水量大，而此时部分地区正处于春旱少雨时节，故应结合施肥浇水，把土壤完全浇透。

（2）开花前后

5~6 月，雌花受精后，果实迅速进入膨大期，此期间的生长量约占全年生长量的 80%。到 6 月下旬，雌花芽也开始分化形成，这段时期需要大量的养分和水分供应，水分不足，不仅会导致大量落果，还会影响花芽分化。尤其在硬核期（花后 6 周）前，核桃生长的过程变得较为缓慢，但对核桃果实来说是刚刚开始生长和发育的关键阶段，应提供充足的水分供给树木生长，以确保核仁饱满，此时期正处于全年降水多发阶段，因此适当灌溉即可。

（3）果实采收后

9月末至11月初落叶前，通常结合秋施基肥浇1次水。此次浇水一方面能够保证土壤中具有核桃需要的冬天几个月的水分，另一方面能促进肥料分解，增加入冬之前的树体养分储备，有利于提高幼树的越冬能力，也有利于翌春萌芽和开花。在无浇水条件的山区或水源缺乏的地区，冬季可以积雪代水，春季应及时中耕除草保墒。生产上可以通过扩大树穴、改换好土来增加蓄水能力，或利用鱼鳞坑、小坝壕、梯田旱井、蓄水池等水土保持工程拦蓄雨水，以备关键时期使用。

89. 核桃的适宜灌水量是多少?

核桃在我国年降水量600~800毫米并且分布均匀的地区，基本可以正常生长发育。四川的年降水量在900~1 200毫米，除干旱年份一般不需要浇水，但这并不是绝对的，核桃需水量较高的时期也应当适量灌溉，具体的浇水时间应根据气候及土壤的干湿情况而定。一般来说，当土壤田间持水量低于60%、土壤绝对含水量低于8%时，需要及时灌水，否则就会对核桃生产造成影响。核桃的最佳浇灌量是一次浇灌能够使核桃根系分布范围内的土壤湿度达到最有利于核桃生长发育的程度。因此，应当保证在一次灌溉中的浇灌量适合核桃的需要。

在生产中，合理灌水量的确定，应根据核桃体本身的需要及当时的土壤湿度状况，同时要考虑土壤的保水能力及需要湿润的土层深度。核桃的根系较深，应当湿润较深的土层，在同样立地条件下用水量较大。核桃的基本灌水量以浸润核桃根系土层1米处为佳，不宜过大或过小，使其不造成渗漏浪费，又能使主要根系分布范围内有适宜的含水量和必要的空气。灌溉量还会因树体发育情况和土壤类型而有所不同，盛果期核桃需水多，灌水量宜大；幼树和旺树可少灌或不灌。沙地漏水，灌溉宜少量多次；黏土保水力强，可一次适当多灌，加强保墒而减少灌溉次数。

核桃园的灌溉量是否足够可以通过测量土壤水分含量来判断，可以利用传感器、土壤水分测定仪等工具进行检测。也可以结合当地的气候情况、土壤性质及核桃的生长状态，采用经验确定灌溉量，如对于较干旱的地区或者高温季节，适当增加灌溉量可以保证核桃正常生长。同时，也要注重灌溉技术的优化和节约用水，避免水资源的浪费，尤其是在灌溉难度大的山区。

90. 核桃园如何做好排水防涝？

核桃对地表积水和地下水位过高均较敏感，土壤水分过多会造成根部缺氧窒息，使根系对水分和矿物质的吸收受阻。如积水时间过长，会导致根系死亡，最终使核桃整株死亡。若地下水位过高，会阻碍根系向下伸展，遇到风灾容易倒伏。四川大部分核桃产区自然排水良好，有积水和地下水位过高的情况少，但也应注意修好行间排水沟或其他排水工程，防范暴雨来袭时对核桃园区造成伤害。

（1）排水沟排水

在易发生水涝地区，排水沟是一种非常有效的排水方式，可先在核桃园的周围挖排水沟，这样既可阻止园外水流入，又便于园内地表积水的排出。根据核桃园区的气候、降雨量和土壤类型等情况，确定排水沟的总长度、深度、宽度、坡度等各项参数。核桃园排水沟的深度一般为50~80厘米，以确保水流能够快速排出，核桃园排水沟的宽度应根据当地降雨量和土层结构等情况灵活设置。排水沟应覆盖整个核桃园，确保涵盖面积达到最大，杜绝积水导致核桃被浸泡，排水沟应分布合理、间距适中，且不会对核桃的生长和采果产生不利影响。

（2）降低水位

深沟降低水位主要是通过挖深排水沟，使地下水和表土水在一定的方向上流动，从而避免核桃园出现渗水、泛滥等现象，提高土地使用效率，同时缓解因过度灌溉产生的萎缩现象。根据核桃根系的生长深度，可挖深 2 米左右的排水沟，使地下水位降到地表 1.5 米以下。

（3）机械排水

机械排水是利用各种设备和机械构造对土地进行排水处理的工程技术。在核桃园面积不大、积水量不多时，可利用机泵将积水转移到核桃种植区之外。

91. 核桃生产中常用的灌溉技术有哪些？

在核桃生产中，可以使用的灌溉方法有沟灌、喷灌、微灌、盘灌、滴灌和穴贮肥水，可以根据各地核桃园的具体水源条件与灌溉条件进行选择。

（1）沟灌

沟灌又可称为浸灌，在核桃根系附近挖掘一条较为浅而宽的沟渠，并将水流引入其中，以供应生长所需的水分。直接将灌溉用水经过沟底和沟壁逐渐渗透到土壤中，对核桃的渗透效果较好，且可防止土壤结构的破坏，缺点是需要较多水资源，灌溉用水的需求压力较大且需挖沟筑堤，需要很多人工搭配完成。

（2）喷灌

喷灌是利用水泵、管道及喷头将水流喷洒在核桃园中进行灌溉的方式。这种灌溉模式可以减少灌溉对土壤造成的影响，节约灌溉用水量，还能有效调节核桃园内部的温度和湿度，降低季节性温度变化对核桃生长的影响。

（3）滴灌

滴灌是通过管道，在核桃根区滴送少量水分和养分的一种高效、环保的节水灌溉方式。滴灌系统通过安装散水器（如滴头）将水和肥料均匀地输送到核桃根部。相较于传统的灌溉方式，滴灌比喷灌节水 30%～60%，比沟灌节水 80%～90%，而且由于它直接在根部释放水分，在蒸发上的损失会比其他灌溉方式减少很多；可以预先设置灌溉时间、用水量和频率等参数，实现完全自动化管理，并且结合气象数据实时监控场地气象环境变化，调节灌溉量，省工、省力；在保证充足水源的前提下，滴灌能够让核桃更好地吸收养分、水分和微量元素，提高果实品质及产量。但需要注意的是滴灌系统需要进行定期维护保养，避免堵塞造成浪费和安全问题，也需要根据不同天气条件调整滴灌节数设置，以达到最佳效果。

（4）盘灌

盘灌多用于幼树，适用于水源条件不好的地区，具体方法是在核桃周围用土埂围成圆形或方形的浅坑，通过输水管道将水浇入浅坑。此方法简单易行，但水分仅能渗透到树根附近的土壤里，根群部分水量较少，从而缩小了核桃根系的湿水范围，并且土壤易板结，加大后期核桃园翻耕的难度。

（5）穴贮肥水

穴贮肥水是解决山区、干旱地区核桃园缺水缺肥的有效方法。具体操作方法是在核桃树冠下四角挖 4~6 个直径 25~30 厘米、深 30~40 厘米的坑，先将肥料施入坑内，再将坑内加满水，然后用杂草盖住坑口即可。有条件的核桃园可把坑沿四周加高，中间用薄膜覆盖。加水一次，可耐数月之久，效果极佳。

92. 什么是核桃园水肥一体化技术？

水肥一体化技术是指借助微灌（滴灌、微喷、涌泉灌、渗灌）系统，根据核桃的需肥规律和土壤的水肥状况，将肥料溶解在水中，通过管道输送到核桃根部土壤，在灌溉的同时进行施肥，适时适量地满足核桃对水分和养分的需求，实现水肥同步管理和高效利用的现代农业技术。通过该项技术，可大大提升核桃园的管理效率。

若没有滴灌条件，也可在核桃春夏季发育期，根据核桃所需肥料种类，利用贮药罐、加压泵、高压管子、三轮车等机械设备和工具，将肥料溶解于水中，用药泵加压后用追肥枪施入核桃根系集中分布区，实现简易的水肥一体化。

93. 核桃园水肥一体化的优点和缺点各有哪些？

（1）水肥一体化的优点

①节约资源。通过管道输水、精准供水，可根据种植需要，对水分和肥料进行严格控制，避免了传统的灌溉损失，如渠道输水的渗漏、大水漫灌的过量灌溉和行间、株间空白地浇水的浪费。水肥一体化可节约灌溉用水 30%~70%，节约化肥施用量 20%~50%，减少用工 20%~60%。

②保护环境。传统的肥料施用方式多是撒施，不仅肥料利用效率低，并且会对土壤、水体造成污染，水肥一体化可以大大减轻化学肥料带来的环境污染和对有益生物的危害，降低过量施肥引起的土壤结构的破坏，也可以避免大水漫灌引起的土温急剧变化，使土壤微生物活跃，改善和保护了土壤生态平衡。

③增加农业生产能力。从生产高产、优质的核桃果实角度来说，水肥一体化滴灌技术的应用，可以大大改善灌溉和施肥方式，降低水分和肥料消耗，从而大大提升核桃的种植效率，核桃果实优质率可提高 10%~20%，产量可增长 10%~25%。

④提高劳动效率。便于实现规模化生产，水肥一体化技术利用物联网、智能控制系统，标准化、智能化管理，自动灌溉、施肥，便于核桃的大规模生产。

（2）水肥一体化的缺点

过滤器、施肥器等零部件的质量和性能有待提高，特别是滴头堵塞问题。核桃根系与滴头位置有近距离接触，容易导致滴头附近的根系发达，但离滴头距离较远的根系生长情况会相对较差，并且若因为某些原因使得滴头位置发生较大偏差，则极易导致核桃根系畸形，影响核桃的正常生长。

94. 水肥一体化中肥料选择的注意事项有哪些？

（1）使用的肥料应易溶于水且杂质较少

良好的溶解性是保证水肥一体化技术顺利实施的基础，肥料能够迅速溶于水，使肥料溶解之后形成稳定的肥液，没有颗粒或杂质，并且能够长时间在管道内实现流通，不会腐蚀和堵塞管道。

（2）选择速效肥

这是由水肥一体化的特点所决定，使用后营养成分可以被核桃及时吸收利用，不会过多流失。同时选择养分含量高的肥料，在同等用量下能够有效避免溶液中离子溶度过高而堵塞喷头的情况发生。

（3）肥料配比的科学性

核桃的生长发育需要多种营养成分的有效组合，每一种元素都不可缺少。因此，在水肥一体化技术的使用中，需要保证多种营养元素来促进核桃的成长。在其生长发育的不同时期，根据树体内所需的营养物质，严格按照肥料的配比进行水肥的配兑，才能够适时适量地满足核桃在每个生长阶段所需的营养。

（4）肥料对灌溉水 pH 值的影响不大

水肥一体化技术具有同时灌溉和施肥的功效。因此，必须保证施肥的过程对灌溉不会造成不利影响，这就要求所使用的肥料不会引起灌溉水 pH 值的严重变化。比如含有硫酸根、钙离子等的肥料，当溶液的 pH 值达到一定程度时会产生沉淀，不但会对核桃生长造成不利影响，且易造成喷头堵塞。

（5）对控制中心和灌溉系统的腐蚀性小

当微灌系统的设备与有些肥料直接接触时，设备容易被腐蚀、生锈或溶解。有些肥料具有强腐蚀性，如磷酸用铁制施肥罐时，会溶解金属铁，铁与磷酸根生成磷酸铁的沉淀。因此从长远使用和有效控制效果的角度看，为了延长相关设施设备的使用寿命和提高水肥一体化自动控制系统的有效控制，必须要求肥料对控制中心和灌溉系统的腐蚀性小，这样对成本节约有着重要意义。

（6）防止不同肥料混合产生沉淀

当多种肥料配成肥液使用时，由于液体中存在多种离子，离子间可能发生各种反应形成沉淀，从而影响养分的有效性，还会有堵塞系统的风险。肥料混合产生沉淀的情况通常有：含磷酸根的肥料与含钙、镁、铁、锌等金属离子的肥料混合产生沉淀，含钙离子的肥料与含硫酸根离子的肥料混合产生沉淀。

95. 哪些氮肥可以在水肥一体化中应用？

在滴灌系统中氮肥是施用最多的肥料，可供选择的种类也比较多，目前常用的是固体水溶肥，包括尿素、硝酸钾、硫酸铵、硝酸铵、硝酸钙、硝酸镁等。

尿素：养分含量为 $N - P_2O_5 - K_2O = 46 - 0 - 0$（第一个数值表示氮含量，第二个数值表示磷含量，第三个数值表示表示钾含量，下同），最适合于滴灌施肥，纯净，极易溶于水。尿素进入土壤后 3~5 天，经水解、氨化和硝化作用，转变为硝酸盐，施用此肥料可以使通道的堵塞风险最小。

硝酸铵：养分含量为 $N - P_2O_5 - K_2O = 34 - 0 - 0$，极易溶于水，使用后通道不易发生堵塞。

硝酸钙：养分含量为 $N - P_2O_5 - K_2O = 15 - 0 - 0$，在溶解时要吸收水中的热量，使得水的温度大幅降低，溶解性降低，所以最好让溶液放置 2 小时左右，随着温度上升，其余固体部分会逐渐溶解。

硝酸钾：养分含量为 $N - P_2O_5 - K_2O = 13 - 0 - 46$，是一种农业高效二元肥，可以同时补充氮与钾 2 种元素。

硫酸铵：养分含量为 $N - P_2O_5 - K_2O = 21 - 0 - 0$，硫酸铵的溶解速度相对较慢，需要在灌溉前预先充分溶解，避免因施肥不当而造成管道堵塞，影响核桃的正常生长发育。

硝酸镁：养分含量为 $N - P_2O_5 - K_2O = 11 - 0 - 0$。

大部分的氮肥水溶性都较好，能够比较容易随灌溉水滴入土壤，进而施入核桃根区，但一些氮肥会由于其他原因而不能直接使用于水肥一体化系统。比如氨水，由于氨水会增加水的 pH 值，氨水一般不推荐采用水肥一体化技术施肥；另外在配制磷酸和尿素肥液时，可利用磷酸的放热反应，先加入磷酸使溶液温度升高，再加有吸热反应的尿素，对增加低温地区肥料的溶解度具有积极作用。在灌溉水中，铵态氮与硝态氮的比率大小会影响土壤 pH 值，应根据核桃对氮元素的吸收特点，在选择滴灌专用肥时，注意氮的存在形态和比例。

96. 哪些磷肥可以在水肥一体化中应用？

可用于水肥一体化技术的磷肥有磷酸、磷酸二氢钾、磷酸一铵、磷酸二铵。

磷酸：养分含量为 $N - P_2O_5 - K_2O = 0 - 52 - 0$，是液体肥料，运用水肥一体化，通过滴注器或微型灌溉系统灌溉施肥时，建议使用磷酸，但其购买运输存在局限性。

磷酸一铵：养分含量为 $N - P_2O_5 - K_2O = 12 - 61 - 0$，属酸性水溶性磷肥，大部分磷酸一铵含有较多不溶解物，须经过严格的溶解过滤后才能注入灌溉系统。

磷酸二铵：养分含量为 $N - P_2O_5 - K_2O = 21 - 53 - 0$，属碱

性肥料，适宜本地酸性土壤施用，磷酸二铵基本都经固化造粒，不建议用于管道施肥。

磷酸二氢钾：养分含量为 $N-P_2O_5-K_2O = 0-52-34$，其溶解性好，同时可提供磷元素和钾元素，但价格较高。

常见的非水溶性磷肥包括磷矿粉、重钙、三钙磷、沉淀磷酸钙，这些肥料结晶形态较为稳定且难以分解，在生产中，建议施用时大部分或全部通过基肥施入土壤，非必要不使用管道灌溉。

97. 哪些钾肥可以在水肥一体化中应用？

常用于水肥一体化技术的钾肥有氯化钾、硫酸钾、硝酸钾、磷酸二氢钾、硫代硫酸钾。其中，氯化钾、硫酸钾、硝酸钾最为常用。

氯化钾（白色）：养分含量为 $N-P_2O_5-K_2O = 0-0-60$，具有溶解速度快、养分含量高、价格低的优点，是最廉价的钾源，建议使用白色氯化钾，其溶解度高，溶解速度快。不建议使用红色氯化钾，其红色不溶物（氧化铁）会堵塞出水口。

硫酸钾：养分含量为 $N-P_2O_5-K_2O = 0-0-50$，常用在对氯敏感的作物上。但肥料中的硫酸根限制了其在硬水中使用，因为易在硬水中生成硫酸钙沉淀。

硝酸钾：养分含量为 $N-P_2O_5-K_2O = 13-0-46$，是非常适合水肥一体化技术的二元肥料，但在核桃生长末期，当其对钾元素需求增加时，硝酸钾不但没有利用价值，反而会对植物起反作用。

硫代硫酸钾：养分含量为 $N-P_2O_5-K_2O = 0-0-25$，溶

于水，用作硫肥和钾肥，是有效的土壤硝化抑制剂。

磷酸二氢钾：养分含量为 $N - P_2O_5 - K_2O = 0 - 52 - 34$，溶于水，用作高效磷钾复合肥。

98. 其他哪些大量元素或微量元素可以在水肥一体化中应用？

除氮肥、磷肥、钾肥外，其他大量元素肥料中，绝大部分溶解性好，杂质少。钙肥中常用的有硝酸钙、氯化钙、硝酸铵钙；镁肥中常用的有硫酸镁、硝酸镁、硫酸钾镁。

在水肥一体化中，微肥施用时应选用螯合态微肥，螯合态中微量元素生产工艺要求高，以细小粉末状存在，在溶解方面速度极快，不溶物为零，并且可以与大量元素肥料一起加入灌溉水中而不会产生沉淀。非螯合态微肥，即使不与其他元素肥料混合使用，在 pH 值较高的水中，也可能产生沉淀，造成管道堵塞。常用的微肥有锰、铜、锌的无机盐或螯合物，无机盐一般为锰、铜、锌的硫酸盐，如硼酸、硼砂、水溶性硼、硫酸铜、硫酸锰、硫酸锌等。

99. 滴灌是否可以施用有机肥？

滴灌系统可以实现肥料的高效利用，但滴灌所用肥料必须具有极好的水溶性，若未溶解的颗粒过多，会造成输送管道或滴头的堵塞。有机肥通常并不是纯液体，若要将其应用于滴灌系统，应解决 2 个问题，一是有机肥应先进行完全或部分的腐熟处理，之后要将其液体化，二是在通过滴灌管道进入土壤前需先过滤，避免出现阻塞现象。

一般易沤腐、残渣少的有机肥可以用于滴灌施肥，含纤维素、木质素多的有机肥不宜用滴灌系统，并且有机肥滴施完后应当保证 15 分钟以上的清水冲洗，保证滴头和过滤器无任何堵塞，滴头处也不会生长藻类、青苔。另外也可以直接选择滴灌有机专用肥，它是无机营养元素和生物活性物质或其他物质混配而成，既能为核桃提供养分，又能改土促根调节核桃的生长发育。

一般而言，建议有机肥作为基肥，而不将有机肥通过滴灌系统施用。将有机肥通过滴灌系统施用，需要的技术难度过高，若造成管道堵塞，维修成本也会增加，并且可以选择的肥料种类也有限。若施用滴灌有机专用肥，由于肥料价格偏高，会增加施肥成本。

第七章　核桃的整形修剪

100. 核桃为什么要整形修剪？

整形修剪是核桃园经营管理中的一项重要内容。整形是将核桃体修整成利于生产的树冠形式；修剪是在整形的基础上，继续培养和维持丰产树形的一项培育措施。

在幼龄期和结果初期，核桃整形修剪的目的是为了培养牢固的树冠骨架和丰产树形，使其有合理的干高，骨干枝分布均匀，伸展方向和着生角度适宜，有效地控制主枝和侧枝在空间的合理配置，调节营养生长和生殖生长的关系，为促进幼树提前结果、连年丰产奠定基础。

盛果期，通过适当的修剪，一是维持树势营养生长与生殖生长的相对平衡。核桃开始结果以后，营养生长与生殖生长多年同时存在，相互制约，对立统一，通过整形修剪，可以让树体在正常生长的基础上，最大限度地优产高产。二是改善树冠光照状况，增强光合作用。核桃90%以上的有机物质来自于光合作用，自然生长情况下，树冠内部由于光照强度不足，不能开花结果，整形修剪有利于形成外稀内密、里外透光的良好树体结构。改善核桃体的光照状况，不仅可以提高叶片光合作用的效率，还有利于花芽分化与提高果实品质。三是改善树体营养和水分状况。整形修剪可以更新结果枝组并且改变树体内营养物质的产生、运输、分配和利用，促进营养生长，延迟树体衰老和结果年限。

101. 核桃整形修剪的原则是什么?

（1）与自然环境和当地条件相匹配

自然环境和当地条件对核桃生长有决定性影响。在多雨地带，如果园内光照和通风条件较差，树势容易偏旺，在修剪时应适当控制树冠体积，栽植密度与留枝密度也应适当减小；在干燥少雨地带，核桃园光照充足，通风较好，栽植密度与留枝数量可适当增大；在土壤瘠薄的山地、丘陵地和沙地，树体生长发育往往受到限制，整形应采用小冠型，主干较矮，主枝数目相对增多，层次要少，层间距要小，修剪应稍重，多短截，少疏枝；在土壤肥沃、地势平坦、灌水条件好的核桃园，核桃容易旺长，整形修剪可采用大冠型，主干较高，主枝数目适当减少，层间距要适当加大，修剪要轻。

（2）与核桃年龄时期特点相对应

初果期是核桃从营养生长向生殖生长转化的时期，树体发育尚未完成，结果量逐年增加，这时的修剪应当既利于扩大树冠，又利于逐年增加产量，还要为盛果期的连年丰产打好基础；盛果期的核桃，在保证树冠体积和树势的前提下，应促使盛果期年限尽量延长；衰老期树体营养生长衰退，结果量开始下降，此时的修剪应使之复壮树势、维持产量、延长结果年限。

（3）与枝条的用途相一致

由于各种枝条营养物质积累和消耗不同，各枝条所起的作用也不同，修剪时应根据目的和用途采取不同的修剪方式。树冠内膛的细弱枝，营养物质积累少，如用于辅养树体，可暂时保留；中长枝积累营养多，除满足本身的生长需要外，还可向附近枝条提供营养，如用于辅养树体，可作为辅养枝修剪，如用于结果，可采用促进成花的修剪方法；强旺枝生长量大，消耗营养多，甚至争夺附近枝条的营养，对这类枝条，如用于建造树冠骨架，可根据需要进行短截。

（4）平衡地上部与地下部的关系

核桃地上与地下 2 部分组成一个整体。叶片和根系是营养物质生产合成的 2 个主要部分，它们在营养物质和光合产物的运输分配中相互联系、相互影响，并由树体本身的自行调节作用使地上部和地下部经常保持着一定的相对平衡关系。但是，地上部与地下部平衡关系并不都是有利于生产的。如只顾地上部的更新修剪，没有足够的水肥供应，地上部的光合产物不能增加，地下部的根系发育也就得不到改善，反过来又影响了地上部更新复壮的效果。

102. 核桃整形修剪中应注意哪些问题？

（1）骨干枝较多，主侧不分

在对核桃实际整形修剪技术掌握不足时，无法准确选择合适的骨干枝，使得骨干枝发育不良且侧枝生长过于旺盛，造成上强下弱或下强上弱的情况，同层主、侧关系不分，甚至倒置，使得核桃树势失衡，影响核桃树体的稳定性，结果能力下降。

（2）掐脖现象

掐脖现象是由于核桃侧枝数量多且密集，导致主枝生长受到制约而表现出生长细弱，并出现逐步衰弱的现象。出现此类现象，表明核桃枝的数量已影响核桃的正常生长，枝之间的距离过近，并且主导枝的领导优势已经无法完全展现，不利于核桃生产。此时要及时疏除多余主枝，并增加主枝间的间距，开张剩余主枝角度，增强中央领导干的力量。

（3）结果部位发生转移

这是由于对核桃的修剪力度较轻，树体生长过于旺盛，出现了严重的顶端优势，但是核桃的下层部位养分产出较少，导致结果部位转移。若核桃枝条过于密集，也会发生结果部位转移。此时应改变修剪手法，增加枝条回缩量，刺激主枝或一级侧枝基部的隐芽萌发，利用隐芽萌发的枝条重新培养结果枝组。

（4）小老树现象

小老树是指树龄较小，由于管理失当或生长条件差而造成的未老先衰的树。导致小老树现象出现的原因有很多，如土、水、肥无法满足核桃的生长需求、施肥不合理、病虫害防治不及时、栽植密度不合理等。对于小老树，应当加强土、水、肥管理，预防病虫害，对壮枝进行适量回缩或重截，对结果量大的树进行疏花疏果，减少养分消耗以恢复树势。

（5）未定干或定干过高

核桃的主干高度与其长势、结果情况具有密不可分的关系。由于核桃自身分枝的角度大，并且其侧枝易出现横生情况，因此核桃的定干高度要比其他果树高。核桃定干高度不合理，会影响核桃的健康生长。

（6）整形修剪技术缺乏专业性

核桃整形修剪常用的技术有短截、甩放、回缩、除萌及疏枝等，但在实际操作中经常由于修剪技术不熟练或应用不当，导致树势削弱、养分失衡、核桃的产量和品质下降。技术管理人员需要根据具体情况，选择最适宜的修剪技术，才能调节树体各部分、各器官间的平衡生长与营养物质的均衡分配，达到丰产、稳产、优质、高效的栽培目的。

103. 核桃树形主要有哪些?

（1）疏散疏层形

①树形特点。有明显的中心干，干高 0.8~1.2 米，平原地区核桃干高可为 1.2~1.5 米。中心干上着生主枝 5~7 个，分为 2~3 层。第一层有 3 大主枝，层内距为 20~40 厘米（主枝要邻近，不要邻接，防止"掐脖"），主枝基角为 70°，每个主枝上有 3~4 个一级侧枝。第二层有 2 大主枝，第三层有 1 个主枝。第 1~2 层主枝相距 80~120 厘米，树高 5~6 米（图 6）。此树形适于稀植大冠晚实品种和果粮间作栽培方式。成形后，树冠为半圆形，枝条多，结果面积大，通风透光良好，产量高，寿命长。缺点是结果稍晚，前期产量低。

②树形培养。

a. 定干的选留方法。定干当年或第 2 年，在主干定干高度以上，选留 3 个不同方位、水平夹角约 120°、生长健壮的枝或已萌发的壮芽培养为第一层主枝，层内距大于 20 厘米。1~2 年完成第一层主枝的选定。如果选留的最上一个主干与主干延长枝顶部接近或第一层主枝的层内距过小，都容易削弱中央领导干的生长，甚至出现"掐脖"现象，影响主干的形成。当第一层预选为主枝的枝或芽确定后，只保留中央领导干延长枝的顶枝或芽，其余枝、芽全部剪除或抹掉。

b. 第一、二层主枝的选留方法。早实核桃第一、二层的层间距为 60~80 厘米，晚实核桃第一、二层的层间距为 80~100 厘米。在第一、二层间距以上已有壮枝时，可选留第二层主枝，一般为 1~2 个。同时，可在第一层主枝上选留侧枝，第一个侧枝距主枝基部的长度为 40~60 厘米。选留主枝两侧向斜上方生长的枝条 1~2 个作为一级侧枝，各主枝间的侧枝方向要互相错落，避免交叉、重叠。

c. 各层侧枝的选留方法。继续培养第一层的主侧枝和选留第二层主枝上的侧枝。由于第二层与第三层之间的层间距要求大一些，可延迟选留第三层主枝。如果只留两层主枝，第二层主枝为 2~3 个，2 层的层间距为：早实核桃 1.5 米左右，晚实核桃 2 米左右，并在第二层主枝上方的适当部位回缩到顶端的主枝处。

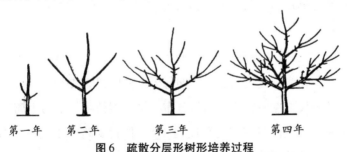

第一年　　第二年　　　　第三年　　　　　　第四年

图6　疏散分层形树形培养过程

（2）自然开心形

①树形特点。干高 0.8~1.2 米，平原地区核桃干高为 1.2~1.5 米。无明确的中心主干，不分层次，一般都有 2~4 个主枝。树形成形快，结果早，整形容易，便于掌握，适于土层较薄、土质较差、水肥条件不良的地区及树形开张、干性较弱和密植栽培的早实品种。自然开心形不分层次，可留 2~4 个主枝，每个主枝

选留斜生侧枝2~3个（图7）。

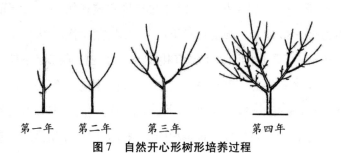

第一年　　第二年　　　第三年　　　　第四年

图7　自然开心形树形培养过程

②树形培养。

a. 在定干高度以下留出 3~5 个饱满芽的整形带。在整形带内，按不同方位选留 2~4 个枝条或已萌发的壮芽作为主枝。各主枝基部的垂直距离无严格要求，一般为 20~40 厘米。主枝可经 1~2 次选留。选留各主枝的水平距离应一致或相近，并保持每个主枝的长势均衡，与中心干的角度适宜，一般为 75~80°，有利于丰产。

b. 各主枝选定后，开始选留一级侧枝，由于自然开心形树形主枝少，侧枝应适当多留，即每个主枝应留侧枝 3~4 个。各主枝上的侧枝要左右错落，均匀分布。第一侧枝距主干的距离为 50 厘米左右。侧枝与主枝的角度为 45°，位置要略低于主枝，有利于形成明显的层性和较好地利用光能。

c. 4~5 年生核桃，开始在主枝上选留第二、第三和第四侧枝，各主枝的第二侧枝与第一侧枝的距离为 40 厘米左右，第三与第二侧枝的距离是 50 厘米左右，第四与第三侧枝的距离为 40 厘米左右。至此，自然开心形的树冠骨架基本形成（图8）。

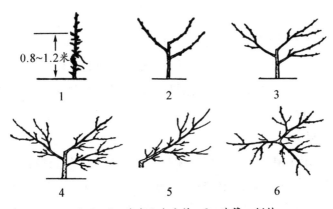

1. 定干　2. 选出 3 个主枝　3. 选第一侧枝

4. 选第二侧枝　5. 侧枝间距　6. 俯视图

图 8　自然开心形整形顺序

（3）主干形（细长纺锤形）

①树形特点。干高 0.8~1.2 米，树高 3.0~3.5 米，中心干直立，9~12 个主枝螺旋状着生于中心干上；主枝茎角度为 90°，梢角大于 90°，相邻主枝之间的距离大于 20 厘米；主干与中心干粗度比小于 0.4，保持中心干的优势；主枝单轴延伸，其上直接着生结果枝组，以短果枝和小型结果枝组为主（图 9）。该树形树体紧凑，早丰产，易管理。

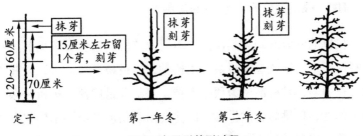

图 9　主干形整形过程

②树形培养。

a. 核桃定植后，芽萌动时进行定干，剪口离第一个芽的距离为 2 厘米左右，剪口涂抹聚乙烯醇胶。抹除剪口下第二个芽及干高以下的芽，剪口至干高保留 3~5 个芽。当侧生新梢长到 60 厘米左右时，拉枝开角至水平状态，控制其伸长生长，促使中心干延长梢生长。

b. 定干第二年，树体萌芽时，重剪中心干延长枝，抹除剪口下第二个芽，其他侧生枝重短截，疏除间距小于 15 厘米的侧生枝。当中心干上的侧生新梢长至 80 厘米左右时（7 月中旬），拉枝开角至水平状态。

c. 第三年芽萌动前，对中心干延长枝轻剪，每隔 15~20 厘米进行刻芽。中心干上第二年的侧生枝极重短截，并疏除间距小于 15 厘米的侧生枝，7 月新梢长至 80 厘米左右时，拉枝开角至水平状态。

d. 第四年的管理内容主要是控树高，控背上枝，控侧生枝。在树体上部有分枝处落头开心，保留主枝 10~15 个；对主枝背上萌发的新梢及延长枝上的新梢，根据空间大小，或早疏除或及早回缩控制，保持主枝单轴延伸。

104. 核桃适宜在什么时期修剪？

核桃的修剪时期与其他树种不同，核桃的修剪要依据其生物学特性而定。核桃是深根系乔木树种，核桃枝条髓心大，发枝力和成枝力弱，发枝部位为顶端发枝，基部芽易脱落，核桃枝条具有下趋性，核桃体含水量大，修剪会出现伤流现象。不同修剪时期修剪，出现的问题不同，修剪的效果也不同，如果时期不当，则会使树体养分流失，造成树体衰弱。

（1）春季修剪

在核桃发芽后至展叶前进行。春季修剪应用较为广泛，但此时期气温不断回升，是树体发芽的关键时期，需要养分较多，贮存营养从根部不断向上运送。如此时进行修剪会出现伤流，必将损失很大一部分养分，从而削弱树势、降低坐果率、影响产量、降低品质，从而减少收益。春季修剪适用于未结果或生长过旺的核桃，它能很好地控制树体生长，削弱树势，提早结果。

（2）秋季修剪

在核桃采收后至落叶以前进行，即从 10 月上中旬至 11 月初。修剪在秋季进行的比较多，此时叶片未落，树体营养向根部回流，伤流较小。但秋季修剪时养分和水分未回流，会随着去除枝叶而损失，光合物质减少，对营养物质积累和树体过冬不利。秋剪适用于弱树、老树、山坡地核桃的修剪，此时无伤流产生，利于修剪大枝，促进树体复壮更新。

（3）冬季修剪

在土地上冻后至萌芽前进行。核桃冬剪不仅对生长和结果没有不良影响，而且在新梢生长量、坐果率、树体主要营养水平等方面都优于春、秋修剪。此时修剪虽然有伤流，但是树体已进入休眠期，养分已经回流到根部，损失的只是水分而非养分。冬季修剪主要修剪中小枝，多针对生长健壮、含水量充足的核桃，有利于春季萌芽后养分的集中供应和增强树势、提高果品质量。

105. 核桃修剪方法有哪些？

（1）短截

短截，也叫短剪、剪截，指将一年生枝条梢部剪去一部分（图 10）。它的主要作用是通过局部刺激，促进新芽萌发、新梢生长，增加分枝数量，以扩大树冠与结果枝量。通常短截越重，对侧芽萌发和生长势的刺激就越强，但不利于形成结果枝。短截的对象是从一级和二级侧枝上抽生的生长旺盛的发育枝，依据剪截长度，可分为轻短截、中短截、重短截和极重短截。

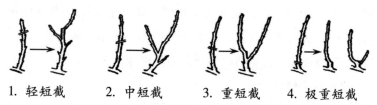

1. 轻短截　　2. 中短截　　3. 重短截　　4. 极重短截

图10　短截示意图

（2）疏枝

疏枝，也叫疏剪、疏除，即将多余无效的枝条从基部剪除（图11），主要是疏除过密枝、病虫枝、干枯枝、徒长枝、重叠枝、交叉枝、下垂枝等，以改善通风透光条件。一般不能疏除大枝，且一次不得疏除太多，必须逐步进行。疏枝按疏除枝量的多少不同，分为轻疏、中疏、重疏3种。全树疏去枝条不超过10%为轻疏，疏去10%~20%为中疏，疏去20%以上为重疏，疏枝程度要根据树势、管理水平而定。疏枝一定要从枝条基部剪除，要彻底剪除，不留一点桩子，以防徒发旺枝。

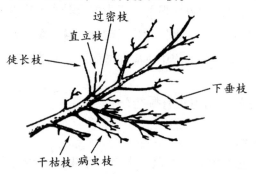

图11　疏枝示意图

（3）缓放

缓放，也叫甩放、长放，即对枝条不进行任何修剪（图12）。缓放枝条生长量大、萌芽多、增粗快，但抽枝弱。可利用枝条自然生长逐年减弱的规律缓和树势，有利于营养积累和形成花芽。但缓放易使枝条下部出现较多光秃及结果部位外移的现象。因此，结果后要及时回缩，此方法多用于幼树和辅养枝。

背上直立枝缓放　　　　斜生中庸枝缓放

图12　缓放示意图

（4）回缩

回缩，也叫缩剪，指对多年生枝进行剪截（图13），这是核桃修剪中最常用的一种方法。核桃结果后，新梢生长势减弱，枝条开始衰弱，树冠中下部开始出现光秃。通过回缩可以复壮树势，延长结果年限。回缩的同时要加强核桃园水肥管理，促进枝条健壮生长和结果枝形成。对一些衰老的主枝，应该进行重回缩，促发锯口以下萌生壮枝，重新形成树冠，这种回缩叫树冠更新。

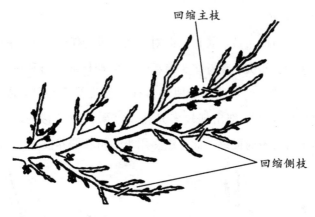

图 13　回缩示意图

（5）开角

开角，即用撑、拽、压、拉等方法（图14），加大枝条角度或变向生长，以达到既缓和枝条的生长势，又增大枝条开张角度、改善光照的目的，是幼树整形期间调节各主枝生长势的常用方法。

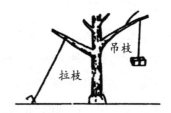

图 14　开角示意图

（6）刻芽

刻芽，也叫目伤。在春季发芽前，用刀在芽的上方横切一刀，深度约到木质部，可促使休眠芽萌发（图15）。刻芽阻挡了养分向上运输，增加了伤口下方芽的养分获得量，有利于芽的萌发和抽枝。刻芽常用于幼树整形，在缺枝的部位进行刻芽，其芽体要有一定的饱满度，死芽或秕芽达不到抽枝的目的。

刻芽切口

抽生的枝条

图15 刻芽示意图

（7）摘心和剪梢

摘心是指在枝条生长期摘取先端的生长点，剪梢是指剪去新梢的一部分。对核桃进行摘心和剪梢可以促发二次枝、三次枝。核桃幼树期枝条生长旺盛、生长量大，一般可达 1.5 米，在长至70 厘米左右时，进行摘心和剪梢可萌发二次枝，减少了冬季修剪工作量，也节省了养分，有利于核桃早成形、早结果。对于早实品种幼树进行生长季摘心或剪梢，可提早 1~2 年完成整形进入结果期。特别是密植核桃园的幼树管理，采用摘心和剪梢是实现早期丰产的重要修剪措施。

（8）抹芽和除梢

抹芽是指萌芽时抹除密生或位置不当的芽，除梢是萌芽长成嫩枝时掰掉。抹芽和除梢可以改善树冠通风透光条件，避免冬季修剪而造成过多的伤流和伤口，同时也可减少养分消耗。

106. 核桃幼树期的整形修剪方法是什么?

从定植到初挂果的时期为核桃的幼树期。核桃幼树期修剪的主要目的是培养良好的树形和牢固的树体结构，有效控制主枝、侧枝在树冠内的合理分布，使树冠内各类枝条有充分的生长发育空间，为丰产、稳产打下良好的基础。幼树期整形修剪的主要任务包括定干和主枝、侧枝的培养等。修剪的关键是做好发育枝、徒长枝和二次枝等的处理工作。

（1）短截发育枝

晚实核桃分枝能力差，枝条较少，通过短截发育枝可有效增加分枝。早实核桃通过短截，可有效增加枝条数量，加快整形进程。短截的主要对象是侧枝上着生的旺盛发育枝，但短截数量不宜过多，一般占总枝量的1/3，并使被短截的枝条在树冠内分布均匀。短截程度主要有长枝中短截（剪去枝条长度的1/2左右）和轻短截2种（剪去枝条长度的1/3左右），一般不宜采用重短截和极重短截。

（2）处理徒长枝

徒长枝需要进行疏除，如不及时加以控制，会扰乱树形，影响通风透光。核桃幼树期徒长枝的处理主要是从基部疏除，也可根据空间适当保留，通过短截、夏季摘心等方法，促进徒长枝中下部枝条的生长，将其培养成结果枝组。

（3）控制和利用二次枝

早实核桃2年生即可开花结果，具有分枝能力强、易抽生二次枝条等特点。分枝能力强是早果、丰产的基础，对提高核桃的产量非常有利。但是，早实核桃的二次枝多生长不充实，在寒冷地方的冬季易发生抽条，而且容易导致结果部位外移，因此如何控制和利用二次枝是一项重要的修剪内容。对于二次枝的控制和利用，可在枝条未木质化时，剪去过旺的二次枝；也可对同一结果枝上抽生的多个二次枝，选择保留1~2个生长健壮的二次枝，其余疏除；还可对生长过旺而又计划选留的二次枝进行摘心处理。如果抽生的二次枝只有 1~2 个且生长较旺，可在夏季进行中度或轻度短截，以促进分枝，逐步培养成结果枝组。

（4）处理好背下枝

由于核桃背下枝长势过强，会影响延长枝的生长，应及时加以控制。对于着生在第一层主侧枝上的背下枝应从基部疏除；位于树冠中上部的主侧枝长出的背下枝，若开张角度过大，要进行疏除，角度较小的可继续培养；长势缓和且已形成花芽的，可以在结果后进行回缩，培养为结果枝组。

107. 核桃初果期的修剪方法有哪些？

初果期是从开始结果到大量结果前的一段时期。早实核桃生长 2~4 年后开始进入初果期，晚实核桃生长 5~6 年后开始进入初果期，此期修剪的主要任务是继续进行主枝、侧枝培养的同时，加强结果枝组的培养，为初果期向盛果期转变做好准备，做到整形结果两不误。不同枝干可以按照以下方法进行修剪：

（1）继续进行主枝、侧枝的培养

初果期核桃主枝、侧枝的培养尚未完全完成，此时应加强主枝、侧枝的培养。在完成第一层主枝的基础上，及时选留第二层和第三层主枝，在选留主枝的同时，及时在各层主枝上选留适宜的侧枝。

（2）加强结果枝组培养

结果枝组的大小和配置因在骨干枝上的位置和树冠内空间的不同而异。枝的前端或树冠外围以配备小型结果枝组为主，主枝和树冠的中部以配备中型结果枝组为主，主枝的后部和内膛以配备大型结果枝组为主。大、中型结果枝组间要配备小型结果枝组来补充空间。

（3）背后枝

晚实核桃和部分早实核桃普遍存在背后枝长势强于背上枝的现象，如不加以控制，会影响枝头的发育，甚至使原枝头枯死，导致树形紊乱。背后枝处理方法可根据具体情况而定，对于长势中庸且已形成花芽的背后枝，可保留结果。对长势较强并已形成"倒拉"现象的背后枝，如果已超过原枝头且不影响上部枝条发育，可用背后枝代替原枝头。如果背后枝已经影响上部枝条的生长，导致上部枝头生长明显减弱，应缩剪背后枝，抬高枝头，促进上部枝的发育。如背后枝较弱并已形成花芽，可逐步改造成结果枝组。

（4）辅养枝

多数辅养枝是临时性的，如果不影响骨干枝的生长，可暂时保存利用。如果影响主枝、侧枝的生长，应及时回缩，改造成大、中型结果枝组。如果太密集也可适当疏除。

（5）徒长枝

核桃初果期，徒长枝的处理应根据具体情况确定，如果有空间可保留，通过短截、夏季摘心等方法培养成结果枝组。对于没有保留价值的徒长枝，应及时从基部疏除。

（6）其他枝条处理

在核桃初果期，对于发育枝和二次枝条的处理与幼树期基本相同，但此时应以控制结果部位外移和培养结果枝组为重点。

108. 核桃盛果期的修剪方法是什么？

核桃进入盛果期后，由于树体结构已基本形成并开始大量结果，树冠扩大明显减弱，容易因树体养分缺乏而导致结果大小年现象。特别是对于树冠接近郁闭或已经郁闭的成龄核桃园，容易出现大枝干枯或整株死亡现象。此期核桃修剪的主要任务是调整营养生长与生殖生长之间的关系，改善树冠的通风透光条件，不断更新结果枝组，以保持稳产、高产。具体修剪时，应根据品种特性、立地条件、栽培方式、栽培条件和树势的不同，采取不同的修剪方法。修剪时应注意以下几点：

（1）调整骨干枝和外围枝

盛果期核桃由于树冠不断扩大，随着结果量增多，结果部位主要在枝条先端，大、中型骨干枝常出现密挤和前部下垂现象。此时期应重点对过密的大、中型枝组进行疏除或重回缩，对伸展过长、下垂严重、长势较弱的大枝，可在斜上生长侧枝的部位进行回缩。对树冠外围过长的中型枝，可进行适当的短截或疏除。为改善通风透光条件，应去弱留强，适当疏除过密枝，促进保留枝芽的健壮生长。

（2）调整和培养结果枝组

加强结果枝组的培养，防止结果部位外移，是保证盛果期核桃丰产、稳产的重要措施。因此应有计划地培养、调整和更新结果枝组，使得大、中、小枝条配置适当，均匀地分布在各级主枝、侧枝上。结果枝组经多年结果后会逐渐衰弱，为了维护枝组的长势，应及时更新复壮。枝组的更新应从改善全树的通风透光条件入手，通过复壮树势、枝势和枝组的长势，达到枝组更新的目的。可采取修剪果枝、缩剪到强壮分枝处、去弱留强、疏花疏果等技术来复壮结果枝组。对于过于衰弱不能复壮更新的结果枝组，可以从基部疏除。对于疏除后的空间，可利用附近的徒长枝重新培养结果枝组，或利用大、中型结果枝组占据空间。同时，要注意控制大型结果枝组的体积和高度，避免形成树上长树的现象。对于已经变弱的大、中型枝组，可采取回缩的修剪方法进行复壮。

（3）控制和利用徒长枝

成年树随着树龄和结果量的增加，外围枝长势变弱，加之修剪和病虫害等原因，易造成内膛骨干枝上的潜伏芽萌发，形成徒长枝。进入盛果期的核桃，对于徒长枝的控制或利用可分情况而定，如果内膛枝条较多，结果枝组生长正常，可将徒长枝从基部疏除。如果徒长枝附近有较大的空间，或附近的结果枝组已经衰弱，可通过摘心或轻短截，将徒长枝培养成结果枝组，以填补空间或更换衰老的结果枝组。当结果母枝和结果枝组明显衰弱或出现枯枝时，也可通过重剪或回缩结果母枝、刺激基部休眠芽萌发徒长枝，然后培养为结果枝组。

（4）其他枝条处理

盛果期核桃辅养枝、背后枝、二次枝的处理与初果期相同。此外，对于内膛过密、交叉、重叠、细弱、病虫、干枯等枝条应及时疏除。疏枝时应紧贴枝条基部剪除，不可留桩，以减少病菌感染，有利于伤口愈合。

109. 核桃衰老期的修剪方法有哪些？

在核桃连年丰产后，树体会逐渐衰老，主要表现为：内膛空虚、小枝干枯、外围枝下垂、生长量小。此时的修剪任务是更新骨干枝和结果枝组，延长经济寿命，保证收益，有计划地进行更新复壮。更新方法分为主干更新、主枝更新和侧枝更新 3 种。

（1）主干更新

主干更新是将主枝全部锯掉，使其重新发枝并形成新主枝的过程。对于主干过高的核桃，可在适当部位锯除树冠，刺激锯口下适当位置萌发枝条，再培养成主枝；对于干高适宜的自然开心形核桃，可从基部锯除主枝，使其萌发新枝，主干更新应根据树势和管理水平慎重采用。

（2）主枝更新

主枝更新是指在主枝适当部位进行回缩，使其形成新的侧枝。选择健壮主枝，保留50～100厘米长，促进锯口附近发枝，选择方位较好的2～3个壮枝，逐渐培养成主枝、侧枝和结果枝。

（3）侧枝更新

侧枝更新是指在一级侧枝的适当部位进行重回缩，使其形成新的二级侧枝的过程。侧枝更新具有更新幅度小、更新后树冠和产量恢复快的特点。

不论采用哪种更新方法，都必须加强水肥管理和病虫害防治。只有这样才能增强树势，加速树冠、树势和产量的恢复，达到更新复壮的目的。

110. 放任生长的核桃修剪方法是什么？

放任生长的核桃，多表现为树形紊乱，内膛空虚，结果部位外移，通风透光不良，甚至发生焦梢和大枝枯死的现象。整形应因树修剪，随枝作形，逐渐理顺主干、主枝、侧枝和结果枝组的关系。应首先解决大枝过多的问题，重点疏除密枝、重叠枝、交叉枝、病虫枝。对有些交叉、重叠枝进行疏除或回缩，达到培养结果枝组、通风透光和有利于萌生新枝的目的。

（1）树形改造

放任生长的核桃树形多种多样，应本着因树修剪、随枝作形的原则，根据具体情况，区别对待。中心领导干明显的，可改造成疏散分层形；中心领导干已很衰弱或无中心领导干的，可改造成自然开心形。

（2）大枝的处理

大枝过多是放任生长的主要问题，应首先解决。修剪前，要对树体进行全面分析，重点疏除影响光照的密挤枝、重叠枝和交叉枝。留下的大枝要分布均匀，互不影响，以利侧枝的配备。一般疏散分层形留5~7个主枝，自然开心形可留主枝3~4个。

（3）中型枝的处理

中型枝是指着生在中心领导干和主枝上的多年生枝。在处理时，首先要选留一定数量的侧枝，其余枝条以不影响通风透光和有利于萌生新枝为原则，采取疏间和回缩相结合的方法，疏除过密枝、重叠枝，回缩延伸过长的下垂枝，使其抬高角度。

（4）外围枝的调整

放任生长的核桃，外围枝大多是冗长的细弱枝，有的严重下垂，必须进行回缩，抬高角度，增强长势。对外围枝丛生密挤的，要适当疏除。

（5）结果枝组的培养

当树体营养得到调整，通风透光条件得到改善以后，内膛已衰弱的枝组有了复壮的机会。此时，应根据空间大小，在强壮分枝处回缩，去掉细弱枝、雄花枝和干枯枝，以强壮枝组，保证连年结果。

（6）内膛枝组的培养

经过改造修剪的核桃，内膛常萌发许多徒长枝，要有选择地加以培养和利用，使其成为健壮的结果枝组。

第八章　核桃的花果管理

111. 核桃授粉受精有何特性？

核桃是雌雄异熟树种，雌雄花期不一致。大多数为雄先型，少数为雌先型（一般是早实品种）。这种雌雄异熟特性不利于授粉。另外，核桃的雄花柱头不分泌花蜜，无蜜蜂和昆虫传播花粉，属风媒花，需借助自然风力进行传粉和授粉。花粉传播的距离与风速、地势等有关，在一定距离内，花粉的散布量随风速增加而加大，但随距离的增加而减少。

花粉落入柱头后，只有极少数花粉管伸入胚珠，此时柱头过量的花粉即非必需，又易引起柱头失水，不利于花粉萌发，所以核桃园应注意合理搭配授粉树，使雌雄花期吻合。核桃花粉落到雌花柱头上约 4 小时后，柱头上的花粉粒萌发并长出花粉管进入柱头，16 小时后可进入子房内，36 小时左右达到胚囊，完成双受精过程。核桃花粉的寿命在自然条件下只有 2~3 天，如果在低温条件下，可存放更长时间；其次核桃存在孤雌生殖现象，也就是说，有些核桃没有经过授粉和受精，也能正常结出有生活力的种子。

核桃的受精过程属于双受精，即花粉管释放 2 个精子，分别与卵细胞和中央核结合完成受精过程。坚果由子房经受精后发育形成，子房壁的外层部分发育成核壳，核仁源于受精的胚珠，而胚则由2片肥厚的子叶及短胚轴组成，第2精子在完成与中央核的结合后，发育成流质状胚乳，提供子胚迅速生长所需的营养。

112. 影响核桃开花授粉的外界因素有哪些？

同一株核桃树上雌雄花开放时期绝大部分不会相遇，这种雌雄异熟的特性对授粉有不良影响。雌雄异熟除了品种的原因外，还受树龄和环境条件的影响。同一品种的幼树常常表现出异熟性更强。另外，温度、水分、空气湿度、土壤湿度、土壤类型等因素也能影响雌雄异熟的程度。如冷凉的条件有利于雌花先开；湿度高的条件有利于雄花先开。因此，必须配置授粉树，反之也会降低授粉率。

核桃的授粉效果，也与不良气候因子、授粉树配置不当、开花情况有较大关系。凡雌花期短、开花整齐者，其坐果率就高；反之，则低。雌花期5~7天的坐果率高，为80%~90%，8~11天的坐果率在70%以下，12天的坐果率仅为36.9%。花期如遇低温阴雨天，则会明显影响正常的授粉受精，降低坐果率。如部分山区春季气温变化剧烈，一遇倒春寒，温度急剧下降，有时还伴有大风、阴雨或冰雹，核桃花器受冻失去授粉受精能力；即使花器不受害，在不良的气候条件下缺少传粉媒介，降低授粉率，也会影响核桃开花授粉。

113. 核桃花期如何人工辅助授粉？

（1）花粉的采集

从核桃健壮树上采集发育成熟、基部小花开始散粉的雄花序放在通风干燥的室内摊开晾干，室温 16~20℃，待大部分雄花药开始散粉时，用细孔筛筛出花粉，将筛出的黄色花粉放在干燥的玻璃瓶中，用棉团塞口储藏备用。装瓶贮存花粉时须注意通气，贮存温度为 2~5℃。

（2）授粉时期

雌花单生或 2~4 朵簇生，着生在结果枝顶部。当雌花柱头开裂，呈倒"八"字形，柱头羽状突起，分泌大量黏液，并具有一定光泽时，接受花粉能力最强，为授粉最佳时期，一般可持续 2~4 天。有时同一株树花期早晚相差 7~20 天，对这类具有二次开花习性的核桃，应根据条件进行 2 次授粉，能明显提高坐果率。

（3）授粉方法

不同经营管理水平、不同品种的核桃可采用不同的授粉方式。

①喷雾法。将花粉同砂糖和水按照 1:50:3 000 或花粉:硼酸:水为 1:0.2:3 000 的比例配成花粉液，在上午 9~10 时或下午 3~4 时用喷雾器均匀地喷到树冠上。亦可结合叶面喷肥同时进行，采用花粉:砂糖:尿素:水为 1:50:10:3 000 的营养液喷洒。柱头枯萎后每隔 15 天左右喷洒 1 次尿素、硼酸、水的混合液比例为 0.2:0.3:100，采用叶面喷肥，连喷 2~3 次，能促进果实迅速膨大生长，增强果实品质。

②喷粉法。对矮小的早实核桃幼树，可采用授粉器授粉，也可用医用喉头喷粉器代替。授粉时，将花粉装入喷粉器的玻璃瓶中，在树冠中上部喷粉即可，要注意喷头离柱头 30 厘米以上。

③挂粉法。将即将散粉的雄花序采下，每 4~5 个为 1 束，挂在树冠上部，任其自由散粉。

④摇粉法。将花粉与淀粉按 1 : 10 的比例混合拌匀，装入 2~4 层纱布袋中，封严袋口，拴在竹竿上，在树冠上方迎风抖撒。

114. 核桃果实的发育规律是怎样的?

核桃果实发育是指从春季雌花柱头枯萎开始，到秋季外果皮变黄开裂，果实成熟为止。依据果实体积膨大、重量增长及脂肪形成到青皮由绿变黄出现少数裂口，可将核桃果实发育过程分为以下 4 个时期:

（1）果实迅速生长期

从 5 月初至 6 月初的 30~35 天，为果实迅速生长期。此期果实的体积和重量均迅速增加，其体积生长量占全年总生长量的 90% 以上，重量则占 70% 左右。随着果实体积的迅速增长，胚囊不断扩大，核壳逐渐形成，但色白质嫩。同一品种，栽培条件好，营养充足，果实就会大，反之则小。

（2）果壳硬化期

也称硬核期，时间在 6 月初至 7 月初，大约 35 天。核壳自顶端向基部逐渐硬化，种核内隔膜和褶壁的弹性及硬度逐渐增加，壳面呈现刻纹，硬度加大，核仁逐渐呈白色，脆嫩，果实大小基本定型，进入营养物质迅速积累期。

（3）核仁充实期

也称油化期，时间在 7 月上旬至 8 月下旬，有 50~55 天。果实大小定型后，重量仍有增加，核仁不断充实饱满，核仁风味则是由甜变香。

（4）果实成熟期

8 月下旬至 9 月上旬，果实重量略有增长，青皮颜色由绿变黄，表面光亮无茸毛，部分总苞出现裂口，坚果易剥出，表示已充分成熟。但为了保证果实质量，应当在全树青果皮裂口在 1/3 以上时采收。过早采收，会造成核仁干瘪。

115. 核桃落花落果的时间是多久？

在一年中，核桃落花落果可出现 3 次。第 1 次在开花后，未见子房膨大，开花即脱落，是未受精的花，这次落花对生产的影响不大；第 2 次出现在花后 2 周，子房已经膨大，是受精后初步膨大的幼果，这次落果对生产有一定的损失；第 3 次出现在第 2 次落果后 2~4 周，即柱头干枯后 30~40 天，此时正值果实快速生长期，落果现象比较普遍，多数品种落花较轻，落果较重，即生理落果。此时的落果大体在 6 月间，又叫"六月落果"，对生产损失较大。

116. 核桃落花落果的原因有哪些？

核桃落花落果的原因主要是授粉受精不良、花期低温、树体营养积累不足及病虫害等。

（1）授粉受精不良

由于核桃雌雄异花，存在雌雄花不能同时开放的雌雄异熟现象，必然影响其授粉、受精与坐果。核桃雄花序的花粉虽多，但寿命很短。核桃花粉室外生活力仅 2~3 天，刚散出的花粉发芽率 90%，1 天后降低到 70%，第 6 天全部丧失生活力。在 2~5℃贮藏条件下，花粉生活力可维持 10~15 天，20 天后全部丧失生活力。

核桃雄花属风媒花，需借助风力进行传粉和授粉。由于花粉粒较大，传播距离相对较短。距核桃 150 米处能捕捉到花粉粒，300 米处花粉粒很少。此外，花期不良的气候条件（如低温、降雨、大风、霜冻等），会影响雄花散粉和雌花授粉受精，降低核桃的坐果率。

（2）营养积累不足

营养不足是导致核桃大量落果的重要原因。一方面是由于前一年树体积累的贮藏营养较少，另一方面是果实发育和枝叶生长对养分的竞争所致。在加强前一年水肥管理，提高树体贮藏营养的基础上，春季及时追肥或叶面喷肥来补充树体的营养，结合修剪进一步调节果实与枝叶生长发育对养分的竞争，可提高核桃的坐果率。

117. 核桃疏雄疏果的方法与措施有哪些？

疏花疏果是疏除核桃上过多的雄花芽和幼果。核桃体的营养供应不足时，营养供应与消耗之间发生矛盾，易出现大小年现象。疏花疏果可以节省大量的养分和水分，不仅有利于当年树体的发育，提高当年的果实产量和品质，而且有利于新梢的生长，保证翌年的产量。

（1）疏除雄花

核桃疏花主要是疏除雄花，简称疏雄。疏雄时期原则上以早疏为宜，一般是在雄花芽未萌动前，日平均气温 9℃ 以前的 20 天内进行为好。用长 1~1.5 米的带钩木杆，拉下枝条，人工掰除雄花芽即可。也可结合修剪进行。疏雄量以 90%~95% 为宜，使雌花序与雄花数之比为 1:30~1:60。但是，对栽植分散和雄花芽较少的植株，可适当少疏或不疏。

（2）疏除幼果

早实核桃以侧花芽结实为主，雌花量较大，到盛果期后，为保证树体营养生长和生殖生长的相对平衡，保持高产、稳产，必须疏除过多的幼果。疏果时间是在生理落果以后，一般在雌花受精后 20 ~ 30 天，即当子房发育到 1 ~ 1.5 厘米时进行为宜。幼果疏果量应依树势状况和栽培条件而定，一般以每平方米树冠投影面积保留 60 ~ 100 个果实为宜。疏果方法是先疏除弱树或细弱枝上的幼果，也可连同弱枝一同剪掉；每个花序有 3 个以上幼果时，视结果枝的强弱，可保留 2 ~ 3 个。坐果部位在冠内要分布均匀，郁密内膛可以多疏。特别需要注意的是，疏果仅限于坐果率高的早实核桃品种，尤其是树弱而挂果多的树。

118. 提高核桃坐果率的措施有哪些？

（1）建园时合理选择与配置授粉品种

核桃虽然雌雄同株，雄花量大，完全能满足授粉的需要，但是，雌雄花开放时期不同即雌雄异熟现象，造成花期不相遇，严重影响核桃的坐果率。在主栽品种与授粉品种品质相当的情况下，可按 1∶1 的比例栽植；若授粉品种质量差，可按主栽品种和授粉品种（3 ~ 5）∶1 的比例配置。另外，核桃为风媒花，有效传播的距离较短，主栽品种与授粉品种的距离以 20 米左右为宜。

（2）人工辅助授粉

现在核桃推广的优良品种都属于矮化或半矮化密植型品种，有利于人工辅助授粉，但是核桃具有花期不遇、风媒传播等特点，加之幼树先形成雌花、缺少雄花，花期易受降雨、大风等不利天气影响，即便有授粉品种，也会造成雄花散粉障碍。因此，核桃更需要人工辅助授粉。

（3）疏雄花

核桃的雄花数量较大，雄花序的生长发育需消耗大量的营养物质，造成营养的无效消耗，明显影响前期叶子的生长和雌花的发育。疏除雄花序，可集中营养供给雌花，提高雌花的质量，达到增产的效果。疏雄花序的时期以早为宜，越早节省养分的效果越好，但过早不好疏，效率低、强度大，适宜的时期以雄花花芽明显膨大，长约1厘米为宜。

（4）水肥管理

核桃花期养分消耗大，在早春开花前应追施速效氮肥。开花后30~45天，浇透1次水，补充树体水分。另外，根据需要在新梢速长期、花期、果实膨胀大期等时期，进行叶面喷肥，喷肥时可结合防治病虫害与药剂混合喷施。常用叶面肥为尿素0.3%~0.5%，磷酸二氢钾0.3%~0.5%，硼酸0.2%~0.3%等。

果实膨大期以施用速效性氮磷钾复合肥料为宜。施肥原则是宜深不宜浅，宜远不宜近，适量不过量。每次施肥量可根据土质、树体而定，结果前施高氮复合肥，结果后施硫酸钾型复合肥。

第九章　核桃病虫害防治及
主要自然灾害防御

119. 核桃病虫害综合防治有哪些关键点？

（1）植物检疫

植物检疫是由国家颁布条例和法令，对植物及其产品，特别是苗木、接穗、插条、种子等繁殖材料，进行管理和控制，用于防治危险性病、虫、杂草传播和蔓延。植物检疫是贯彻"预防为主，综合防治"的重要举措之一。因此，在从外地引进或调出核桃苗木、种子、接穗时，必须进行严格的检疫检验，防止危险病虫害的传播扩散。

（2）农业防治

农业防治是在病虫害、核桃和环境条件三者之间相互关系的基础上，采用合理的农业栽培措施，有目的地创造有利于核桃生长发育的环境条件，提高其抗病能力；同时，创造不利于病虫害活动、繁殖的环境条件，或是直接消灭病虫害，从而控制病虫害发生的程度，取得化学防治所不可比及的良好效果。农业防治主要有以下5点：

①选育和利用抗病品种。这是防治核桃病害的重要途径之

一。不同品种对病害的抗性不同，在建园及高接换优时，应优先考虑选用抗病品种。

②培育无病虫害苗木。一些病虫害是随着苗木、接穗、插条、种子等繁殖材料扩大传播的。因此，必须将培育无病虫害的苗木作为一项十分重要的措施，尤其在新建核桃园时，一定要使用无病虫害的优质嫁接苗木。

③科学修剪，合理负载。该法可以调整树体营养分配，创造良好的通风透光条件，进而促进树体生长健壮，恶化病虫繁殖条件，增强树体的抗病虫害能力。此外，冬季修剪除去瘦弱枝、交叉枝，既能保证株型美观又能防止植株徒长，提升结果率。同时还要加强水肥管理，促进树冠更新，增强树势。

④加快耕作制度调整，做好水肥管理工作。根据核桃园土壤与当地气候环境，合理制订土壤耕作制度，强化水分与肥料管理，有效提高核桃的抗逆性。积极破坏病虫的生存繁衍环境，有效抵御病虫害，促进核桃生长。

⑤清理核桃园，减少病源。做好核桃园卫生工作，及时清除病株、病叶及病果，采取集中销毁处理的方法，及时中耕除草，尤其是转寄主植物，必须及时去除，这样能够有效减少病虫害的侵袭。

（3）物理防治

物理防治是利用害虫对色、光、味等的趋性进行人工捕杀或诱杀。

①人工捕杀。核桃种植过程中很多害虫均有群居或假死的生物特性。如核桃云斑天牛和金龟子，在受到惊吓时都会表现出假死性。因此，可以在白天振动枝干，成虫因受到惊吓而落地，然后再对其进行人工捕杀。

②树干缠粘虫带或草绳。为了防止介壳虫上树危害核桃生长，在树干基部涂抹一层粘胶，就能起到阻止若虫上树或者杀死若虫的作用。对于核桃瘤蛾幼虫而言，多隐藏于草丛、落叶及翘皮中过冬，可在当年果实采收结束后，在树干上通过绑缚草绳的方法，达到诱杀幼虫的目的。

③糖醋液诱杀。许多成虫对糖醋液有趋性，因此可利用该习性进行诱杀。方法是在成虫发生的季节，将糖醋液盛在水碗或水罐内制成诱捕器，将其挂在树上，每天或隔天清除死虫。糖醋液的制备方法为酒、水、糖、醋按 1:2:3:4 的比例，放入盆中，盆中放几滴农药，并不断补足糖醋液。

④灯光诱杀。部分昆虫具有趋光的特性，可以在核桃园内安装黑光灯，诱杀趋光性害虫，这种方法也能用于诱杀直翅目、鳞翅目、双翅目及半翅目的害虫。

（4）化学防治

化学防治是指使用杀菌剂杀死或抑制病原生物，对未发病的核桃进行保护或对已发病核桃进行治疗，防止或减轻病虫害造成损失的方法。它是病虫害防控的最后一个环节，也是最重要、最关键的一环，应注意以下4点：

①对症下药。找准病原生物或害虫，不同的药剂只会对特定的病原生物或害虫表现出杀灭作用，即便是像波尔多液这种广谱药剂，也只能针对多数真菌病害起到防治作用。结合病虫预测及病虫害发生规律，本着预防优先的原则，在病虫害尚未发生前就采取预防性措施，就能及时遏制病虫害的发生。

②适时用药。采取防治措施时，应明确各药剂的防治指标，结合病虫害预测预报，合理把握施用时间，以免造成不必要的损失或浪费。同时，还要考虑药剂残效期、病虫害传播、核桃生育

期及气候等因素，确定喷药次数和间隔期，注意药剂与相关器具是否实现有效配合，保证所需药量。如果施药量不足，就会影响防治效果，还会造成防治时间的延误；如果过量施用，又会造成药剂的浪费。此外，应合理选择喷药时间，尽量避开高温天气，在上午10时前、下午4时后的时间内完成喷药作业。这样能够避免药液水分蒸发过快，导致药液浓度上升，出现药害。喷药过程中，做到全面均匀、防治彻底。

③交替用药。病虫在长期使用同种药剂的情况下会产生较强的抗药性，即便不断增大用药量，防治效果也很难提高，易出现恶性循环。所以，在选取农药的过程中，为有效延长药剂的使用年限，保证其防效，应当避免同一区域多次使用同种药剂，而应交替选用不同药剂。

④按国家规定用药，保证核桃果实优质安全。严禁使用剧毒、高毒及高残留农药，尽量使用高效、低毒的无公害农药。保证用药过程中的安全性，以免发生药害，有效控制农药残留与污染。确保选用的农药能够经受雨水冲刷，药效发挥迅速，从而减少用药频率。

（5）生物防治

生物防治是利用有益生物或其他生物来抑制或消灭有害生物的一种防治方法。其最大的优点是不污染环境，是农药等非生物防治方法所不能比拟的。利用自然界捕食性或寄生性天敌，联合对植食性害虫进行捕杀，能有效减少农药使用次数，降低农药污染，使农业生态环境大为改善，降低防治成本，生产绿色果品。主要方法有以下5点：

①利用寄生性天敌昆虫防治虫害。寄生性昆虫的活动特点是以雌成虫产卵于寄主体内或体外，以幼虫取食寄主的体液摄取营

养，从而使寄主（害虫）死亡。而它的成虫则以花粉、花蜜等为食或不取食。除了成虫以外，其他虫态均不能离开寄主而独立生活。

②利用捕食性天敌昆虫防治害虫。捕食性天敌昆虫靠直接取食猎物体液来杀死害虫，致死速度比寄生性天敌效果好。

③利用食虫鸟类防治害虫。鸟类在农林生物多样性中占有重要地位，与害虫形成相互制约的密切关系，是害虫天敌的重要类群，对控制害虫种群作用很大。

④利用病原微生物防治病虫害。在自然界中，有一些病原微生物，如细菌、真菌、病毒、线虫等，在条件合适时能引发害虫流行病，致使害虫大量死亡。利用病原微生物防治虫害主要有细菌、真菌、病毒3大类制剂。

⑤利用昆虫激素和信息素防治害虫。对危害相对简单的关键害虫，以及世代较长、单食性、迁移性小、有抗药性、蛀果的害虫更为有效。昆虫激素主要有保幼激素、蜕皮激素、性信息激素3大类。其杀虫机理是使害虫生长发育异常而死亡。利用性外激素不仅可以诱杀成虫、干扰交配，还可以根据诱虫时间和诱虫量指导害虫防治，提高防治效果。

120. 核桃常用的药剂有哪些?

（1）植物源杀虫、杀菌素

包括除虫菊素、鱼藤酮、烟碱、苦参碱、植物油、印楝素、苦楝素、川楝素、茼蒿素、松脂合剂、芝麻素等。

（2）矿物源杀虫、杀菌剂

包括石硫合剂、波尔多液、机油乳剂、柴油乳剂、石悬剂、硫黄粉、草木灰、腐必清等。

（3）微生物源杀虫、杀菌剂

如 Bt 乳剂、白僵菌、阿维菌素、中生菌素、多氧霉素和农抗120 等。

（4）昆虫生长调节剂

如灭幼脲、除虫脲、卡死克、性诱剂等。

（5）低毒、低残留化学农药

主要杀菌剂：5% 菌毒清水剂、80% 喷克可湿性粉剂、80%大生 M－45 可湿性粉剂、70% 甲基硫菌灵可湿性粉剂、50% 多菌灵可湿性粉剂、40% 氟硅唑乳油、1% 中生菌素水剂、70% 代森锰锌可湿性粉剂、70% 乙膦铝锰锌可湿性粉剂等。

主要杀虫、杀螨剂：1% 阿维菌素乳油、10% 吡虫啉可湿性粉剂、25% 灭幼脲 3 号悬浮剂、50% 辛脲乳油、50% 蛾螨灵乳油、20% 杀铃脲悬浮剂、50% 马拉硫磷乳油、50% 辛硫磷乳油、5%尼索朗乳油、20% 螨死净悬浮剂、15% 哒螨灵乳油、40% 蚜灭多乳油、99.1% 加德士敌死虫乳油、5% 卡死克乳油、25% 噻嗪酮可湿性粉剂、25% 抑太保乳油等。

允许使用的化学合成农药每种每年最多使用 2 次，最后一次施药距安全采收间隔期应在 20 天以上。

121. 核桃园如何合理科学地使用农药？

科学合理地使用农药，能有效控制病虫害的发生和流行，减少病虫害对农药的抗药性，保护生态环境，生产出无污染、低残留的安全绿色果品。要使农药充分发挥药效，必须根据农药防治病虫害的机制，采用科学施药技术，尽量少用农药，才能收到好的防治效果。

（1）对症用药

在使用农药前，首先需要识别和判断核桃园内出现的病虫害种类和数量，选择相应的农药进行防治。建议在专业技术人员的指导下，根据实际情况采取相应的防治措施。

（2）适时用药

根据预测预报和病虫害发生规律，确定使用药剂的最佳时期。考虑天气条件的变化，不仅可以影响药剂本身的活性，还可影响防治对象的生理活动，从而影响药剂的使用效果。

（3）科学用药

农药的使用剂量或浓度应参照农药使用说明书，适度掌握。若用量过低或浓度偏低，则达不到预期的防治效果；若用量过大或浓度偏高，不仅造成了农药浪费，还易导致核桃农药残留多、增加了人畜中毒的机会、产生药害、杀伤害虫天敌、增强病虫抗药性等。

（4）混合用药

在核桃生产中，在同一个时期往往有几种害虫和几种病害同时发生，须将2种以上农药混合使用。混合使用农药，能兼治几种病虫害，节省了劳力，抓住了时机，提高了防治效果。但要注意，不是任何农药都可混合，一定要做到农药混合后不失效，不破坏固有的理化性质，不造成药害。现在生产的有机磷杀虫剂、有机硫杀菌剂多是酸性，遇到碱性农药容易发生碱分解，不宜混合使用。这些药一般不要和石硫合剂、波尔多液混合使用。石硫合剂和波尔多液虽都是碱性，但两者混合立即产生黑褐色的硫化铜沉淀，用到核桃上会发生药害，石硫合剂和波尔多液均遭到破坏，因此不能混合使用。

（5）轮换用药

一种农药长期使用，病虫对农药往往产生抗药性，克服抗药性的重要方法是轮换用药。不要在一个核桃园里连续多年使用一两种农药，在一年里可轮换使用几种农药，不要随便提高或降低农药的浓度。

（6）安全用药

在使用农药时，一定要注意对核桃的安全，不要发生药害，不要在核桃生产敏感期用药，在使用一种新农药时一定先做试验，留心每一种农药的使用注意事项，千万不可盲目从事。其次，要注意人畜安全，搬运、配制和使用农药要遵守安全规程，千万不可麻痹大意，严防人畜中毒。喷洒农药一定要严格遵守安全间隔期。

严禁使用未经国家有关部门核准登证的农药化合物。其他情况按国家标准《农药合理使用用准则》GB/T 8321（所有部分）规定执行。

122. 核桃园农药使用标准基本要求是什么？

核桃园农药使用标准，是指利用高新技术，采用健康、科学、环保的生产方式，保障核桃果实无农药残留，达到安全、健康、高效的生产目标。具体要求包括以下5点：

（1）选择环保、低毒、低残留的农药

避免使用对人体有害或对环境有污染的农药，并严格遵守农药的使用标准和安全间隔期。

（2）采用局部、精准、定向的施药方式

尽量避免喷洒农药对人员和环境的污染，可采用局部、精准、定向的施药方式，如药片、粒剂、气雾剂等。

（3）根据病虫害种类和密度选择合适的药剂

根据病虫害情况，针对不同的病虫害采用合适的药剂，以达到最佳的防治效果。

（4）严格遵守药剂使用量和安全间隔期

在药剂使用过程中，按照标准用药剂量进行药剂喷洒，同时要遵守严格的安全间隔期，确保核桃果实不受药剂残留的影响。

（5）定期检测药剂残留情况，确保安全

在核桃园使用药剂进行防治后，要定期检测果实、土壤和地下水等环境中的农药残留情况，对不合格的果实和土壤进行处理，确保果实安全无害。

总之，核桃园农药使用标准要求采用环保、健康、科学的生产方式，保证农药的合法使用和有效防治，同时避免农药残留对产品质量的影响。

123. 如何识别和防治核桃腐烂病？

（1）症状诊断

高温高湿时，苗木根颈基部和周围的土壤及落叶表面有白色绢丝状菌丝体产生，随后长出小菌核，初为白色后转为茶褐色，感病核桃先是侧根的皮腐烂，最后导致全根腐烂，叶片脱落，全株枯死。具体类型有以下 4 种：

①萎蔫型。病株在萌芽后整株或部分枝条生长衰弱，叶簇萎蔫，叶片向上卷缩，形小而色浅，新梢抽生困难，有的甚至花蕾皱缩不能开花，或开花后不能结果，枝条表现失水状，甚至皮层皱缩或枯死。

②叶片青干型。在春季或气温较高时，病叶骤然失水青干，多数从叶缘向内发展，或沿主脉向内扩展，在青干与健全组织分

界处有明显的红褐色晕带，青干严重的叶片脱落。

③叶缘焦枯型。病株叶片或边缘枯焦，而中间部分保持正常，叶片不会很快脱落。

④枯枝型。病株腐烂根侧对应的少数主干枝坏死，皮层变褐并消退，坏死皮层与正常皮层分界明显，沿枝条向下蔓延。在后期，坏死的皮质解体，很容易脱落，上面有一些小黑点。

（2）病原

病原为胡桃壳囊孢，属半知菌亚门真菌。它主要危害核桃枝和树干。

（3）发病规律

以菌丝体或子座及分生孢子器在病部越冬。翌春核桃液流动后，有适宜发病条件，产出分生孢子，分生孢子通过风雨或昆虫传播，从嫁接口、伤口等处侵入，病害发生后逐渐扩展。生长期可发生多次侵染。春秋两季为一年的发病高峰期，特别是在4月中旬至5月下旬危害最重。一般管理粗放，土层瘠薄，排水不良，水肥不足，树势衰弱或遭受冻害的核桃易感染此病。

（4）防治措施

选好圃地，避免病圃连作，选排水好、地下水位低的地方作圃地，在多雨区采用高苗床育。

晾土或客沙换土，换土可每年一次，一般1~2次见效。

种子消毒及土壤处理，播前用50%多菌灵粉剂0.3%拌种，对酸性土适当加入石灰或草木灰，以中和酸度，可减少发病。也可用1%硫酸铜或甲基托布津500~1 000倍液浇灌病树根部，再用消石灰撒入苗颈基部，或用代森氨水剂1 000倍液浇灌土壤，对病害均有一定的抑制作用。

124. 如何识别和防治核桃黑斑病?

核桃黑斑病又叫核桃黑腐病,主要危害幼果和叶片,也可危害嫩枝及花粉,常造成核桃幼果腐烂,引起落果。

(1)症状诊断

①枝干受害症状:嫩梢受害后,病斑长形,褐色,稍凹陷,病斑包围枝条一圈时,以上枝条枯死。

②叶部受害症状:叶片受侵后,首先在叶脉上出现近圆形及多角形的小褐斑,严重时能互相愈合,病斑外围有水渍状晕圈,少数在后期出现穿孔现象,病叶皱缩畸形。叶柄、嫩枝上病斑长形,褐色,稍凹陷,严重时因病斑扩展而包围枝条将近一圈时,病斑以上枝条即枯死。

③花受害症状:花序受侵后,产生黑褐色水浸状病斑。

④果实受害症状:幼果受害时,果面发生褐色小斑点,无明显边缘,以后逐渐扩大成片变黑,并深入果内,使整个果实连同核仁全部变黑腐烂脱落。较成熟的果实受侵后,往往只局限在外果皮或最多延及中果皮变黑腐烂,病皮脱落后,使内果皮外露,核仁表面完好,但出油率大为降低。

(2)病原

病原为黄单孢杆菌属的核桃黄单孢杆菌。

(3)发病规律

病原细菌在病枝或病芽里越冬。翌年春季细菌借风雨飞溅传播到叶、果及嫩枝上危害。病菌可侵染花序(器),花粉也能传带病菌。昆虫也是传播带病菌的媒介。病菌由气孔、皮孔、蜜腺及各种伤口侵入。潜育期为果实 5~34 天,叶片 8~18 天。在足够的湿度条件下,温度在 4~30℃ 范围内都可侵染叶片,在 5~

27℃时可侵染果实。

发病的重轻与每年雨水多少有关，一般在核桃展叶期至开花期最易感染，随后核桃抗病能力逐渐加强。

（4）防治措施

清除病原：结合修剪，剪除病枝梢及病果，收拾地面落果，集中烧毁，减少病原传播。

发病前：惊蛰前后开始全树喷3~5波美度石硫合剂，展叶及落花后分别喷洒72%硫酸链霉素可溶性粉剂3 000倍液，5月初全树喷施等量式（1:1:200）波尔多液，以后每15~20天补喷1次。

发病初期：喷施50%甲基硫菌灵可湿性粉剂500~800倍液，或75%百菌清可湿性粉剂1 000倍液，或1:1:200波尔多液，交替喷施。

增强树势，提高树体抗病性：采收时少用棍棒敲击，减少树体伤口；核桃举肢蛾发生严重的地区，应及时防治虫害。

125. 如何识别和防治核桃炭疽病？

（1）症状诊断

主要危害果实，果实受害后早期脱落或核仁干瘪，发病重的年份对核桃产量影响很大。常见危害类型如下：

①青皮。初在青皮上产生近圆形或圆形的黑褐色病斑，后扩展至果皮深层。病斑表面凹陷，内生粉红或黑色小点，散生或呈轮纹状。

②叶部。染病叶片上产生黄褐色近圆形病斑，上生小黑粒。

（2）病原

该病原为一种真菌，属于半知菌，与苹果、葡萄炭疽病为同一病原。

（3）发病规律

病菌以菌丝体在病果、病叶上越冬，成为翌年初次侵染来源。核桃园附近有苹果树则发病重。病菌分生孢子借风、雨、昆虫传播，从伤口、自然孔口侵入，在 25 ~ 28℃ 温度下，潜育期为 3 ~ 7 天，一般幼果期易受侵染，7 ~ 8 月发病重，并可多次进行再侵染。发病的早晚、轻重与当年的雨量有密切关系，如雨季早、高温、湿度大、雨多则发病早且重；否则，发病晚、危害轻。

（4）防治措施

发病期，及时清除病株残体，如病果、病叶、病枝等，集中烧毁，减少初次侵染源。

萌芽前全树喷洒 3 ~ 5 波美度石硫合剂，消灭越冬病菌。

发病前（6 月上旬）开始喷药，药剂可选喷 25% 三唑酮可湿性粉剂 1 000 倍液；70% 甲基硫菌灵可湿性粉剂 1 000 倍液 + 80% 代森锰锌可湿性粉剂 800 倍液；10% 苯醚甲环唑水分散粒剂 2 000 倍液；2% 嘧啶核苷类抗生素水剂 300 倍液；1% 中生菌素水 400 倍液等。每 10 ~ 15 天喷一次，连续喷 2 ~ 3 次。

选育丰产、优质、抗病的新品种。结合整形修剪，保证核桃园通风透光。

126. 如何识别和防治核桃枝枯病？

（1）症状诊断

主要危害枝条，尤其是 1 ~ 2 年生枝条易受害。枝条染病先侵入顶梢嫩枝，后向下蔓延至枝条和主干。受害枝上的叶片逐渐变黄、脱落，病枝皮层逐渐失绿，初期变成灰褐色，随后变为浅红褐色至深灰色，并在病部形成很多黑色小粒点，即病原菌分生孢子盘，湿度大时，从分生孢子盘上涌出大量黑色短柱状分生孢子。染病枝条上的叶片逐渐变黄后脱落，皮层干燥开裂并露出灰褐色的木质部，当病斑扩展为绕枝干一周时，枝条枯死，甚至全株枯死。

（2）病原

无性阶段为半知菌类、黑盘孢目的一种真菌；有性阶段属于子囊菌亚门，自然情况下很少发生。

（3）发病规律

该病原菌以分生孢子盘或菌丝体在枝条、树干病部越冬。翌年条件适宜时，产生的分生孢子借风雨或幼虫传播，从伤口侵入。该菌属弱寄生菌，生长衰弱的核桃枝条易染病，春旱或遇冻害年份发病重。

（4）防治措施

新建核桃园要适地适树，选用抗病力强的优良品种。建园后加强栽培管理，可实行粮果间作，适当修剪，增强树势，提高抗病力。

在核桃园内发现病枝及时剪除，带出园外烧毁。同时搞好夏剪，疏除过密枝、病虫枝、徒长枝，改善通风透光条件，降低发病率。

冬季进行树干涂白，扫除园内枯枝、落叶、病果，并带出园外烧毁。

枝干发病，要及时刮除，病部用50%甲基托布津可湿性粉剂50倍和5波美度石硫合剂涂刷。

在6~8月选用70%甲基托布津可湿性粉剂800~1 000倍液或400~500倍代森锰锌可湿性粉剂喷雾防治，每隔10天喷1次，连喷3~4次可收到明显的防治效果。同时要及时防治云斑天牛、核桃小吉丁虫等蛀干害虫，防止病菌由蛀孔侵入。

127. 如何识别和防治核桃白粉病?

(1) 症状诊断

白粉病会在核桃叶片正、反面形成薄片状白粉层,发病初期叶片呈黄白色斑块,严重时叶片扭曲皱缩,提早脱落,影响核桃正常生长。核桃幼苗受白粉病危害后,植株矮小,顶端枯死,甚至全株死亡。

①枝干受害症状:在新梢发病后,节间缩短,叶形变狭,叶缘卷曲,质地硬脆,渐变褐色枯焦,冬季落叶后,病梢呈灰白色。

②叶片受害症状:发病初期叶面产生退绿或黄色斑块,严重时叶片变形扭曲,皱缩,嫩芽不展开。

(2) 病原

病原为囊菌亚门的山田叉丝壳菌核桃白粉病菌。

(3) 发病规律

核桃白粉病是一种真菌性病害,病菌在病叶上及树体枝干表面附着越冬。翌年 7~8 月发病,从气孔多次侵染。如果在温暖潮湿的环境下更利于该病发生,雨季到来早的年份病害多发生早而较重,幼树比成年树易受害。

(4) 防治措施

加强核桃园的管理,合理施肥与灌水,增强树体抗病能力。

及时摘除、修剪受害枝叶,并带出园外焚烧,以减少初次侵染源。

在白粉病发病初期可用 0.2~0.3 波美度石硫合剂,或 50% 甲基托布津可湿性粉剂 800~1 000 倍液,或 25% 粉锈宁可湿性粉剂 500~800 倍液进行喷施防治。

128. 如何识别和防治核桃褐斑病?

（1）症状诊断

核桃褐斑病又名胡桃白星病。它主要危害叶片，也危害果实和新梢，引起早期落叶、枯梢，影响树势和产量。发病初期叶面出现褐色圆形至不规则形病斑，后期病部出现黑色小点。发病重的叶片焦枯，提早落叶。嫩梢染病，病斑黑褐色，长椭圆形略凹陷。

（2）病原

病原为半知菌亚门的核桃盘二孢。

（3）发病规律

病菌在病叶或病枝上越冬，翌年春天从伤口或皮孔侵入叶、枝或幼果，5月中旬至6月初发生，7~8月为发病盛期，多雨年份或雨后高温、高湿时发病迅速。叶片受害，先在叶片上出现近圆形或不规则形病斑，中间灰褐色，边缘暗黄绿色至紫褐色。病斑常融合一起，形成大片焦枯死亡区，周围常带黄色至金黄色。危害严重时8月病叶大量脱落，9~10月重生新叶，开二次花，树势严重衰弱。

（4）防治措施

清园：及时清除病叶、病梢、病果，然后进行深埋或集中烧毁。

及时防治核桃举肢蛾等害虫，采果时尽量少用棍棒敲击，避免损伤枝条，减少伤口，也就减少病菌侵染的机会。

6月上旬开始，每隔10天左右喷1次杀菌剂。药剂可选25%咪酰胺乳油1 000倍液、50%异菌脲可湿性粉剂600倍液、30%吡唑醚菌酯、异菌脲悬浮剂3 500倍液或25%戊唑醇水乳剂2 000倍液。

129. 如何识别和防治核桃枯梢病?

（1）症状诊断

主要危害枝梢，造成枝条枯死，也危害果实和叶片，造成果实腐烂。

①枝条：受害后，病斑呈红褐色至深褐色，梭形或长条形，后期失水凹陷，其上密生红褐色至暗色小点，多导致枝梢枯死。

②果实：染病后，外果皮上初生红褐色斑点，病斑逐渐连成片，常导致果实腐烂。

③叶片：染病常导致落叶。

（2）病原

病原属于半知菌亚门的核桃拟茎点菌。

（3）发病规律

核桃枯梢病是一种真菌性病害，病菌主要在枝梢病斑上越冬。翌年条件适宜时会溢出病菌孢子，借助风雨传播，从皮孔及各种伤口侵染危害。导致该病发生的主要条件是树势衰弱，多雨潮湿、伤口较多都会加重枯梢病的发生。

（4）防治措施

加强核桃园管理：科学施用氮磷钾肥，增施农家肥等有机肥，培育壮树，提高树体抗病能力。结合冬剪，彻底剪除病枯梢，集中带到园外烧毁，消灭病菌越冬场所。

冬季树干涂白。涂白剂配方为生石灰:食盐:硫黄粉:动物油:水 = 30:2:1:1:100。

4月中下旬，喷50%甲基硫菌灵可湿性粉剂1 000倍液或50%多菌灵600倍液或等量式（1:1:200）波尔多液等，防治效果都比较好。

130. 如何识别和防治核桃溃疡病?

（1）症状诊断

核桃溃疡病又称黑水病，主要危害核桃主干、侧枝基部、嫩枝和果实。

①核桃干损伤的症状：病害发生在幼苗和大树的树枝上。该疾病在开始时呈深褐色圆形病变，随着疾病的进展，它逐渐扩展成梭形或长形病变。在皮肤层上形成水疱，破裂后，黄色黏液流出，空气变成锈色。在溃疡病发病的后期，受害者缩小并消退，中央纵裂，在病变部位产生分生孢子，形成许多小黑点。在严重的情况下，病变以梭形或细长形状连接。当病变部分扩张以包裹树枝一周时，会有芽、枯枝或整株植物死亡。在秋季，核桃的表皮破裂。在较老的树皮上，病变大多是水染色，中心呈深褐色，病变部分深深地腐烂到木质部。

②核桃果实破坏症状：果实受到伤害，果实表面形成棕色近圆形病斑，发生较严重会导致果实收缩、腐烂，表面产生许多棕色至黑色颗粒的病原子实体。

（2）病原

无性阶段病原为半知菌亚门的小穴壳菌属。

（3）发生规律

病菌主要以菌丝体在当年病皮内越冬，翌年 4 月气温上升到 11~15℃时开始活动，5 月下旬气温达 28℃左右时，分生孢子大量形成，借风雨传播，多从伤口侵入，发病达高峰期。6 月下旬气温 30℃以上时，病害基本停止蔓延，入秋后温度、湿度适宜时，病害再次发展，但没有春季重。

（4）防治措施

加强核桃园管理：多施有机肥和间作绿肥，注意及时灌溉，做好修剪工作，保持园林通风透光，有效减少病害发生。

修剪：在秋季落叶前或春季发芽后，避免在核桃伤流期进行。剪除病枝、残桩、病果，剪下的病枝条、清除烧毁。剪锯口及其他伤口涂抹多菌灵油膏，减少病菌的侵染途径。

病斑治疗：发病初期用刀刮除枝干病斑，深达木质部，或用小刀在病斑上纵横划道，涂抹3度石硫合剂或溶液、多菌灵油膏等。刮除病斑时，树下铺报纸或塑料薄膜，将刮下的病树皮及时清除，集中销毁。

早春树体萌动前喷杀菌剂：药剂有3~5度石硫合剂、5%菌毒清水剂50倍液等。

131. 如何识别和防治核桃小吉丁虫?

核桃小吉丁虫俗称串皮虫，属鞘翅目、吉丁虫科。

（1）危害

主要危害枝条，幼虫蛀入2~3年生枝条皮层，呈螺旋形串圈危害，受害后枝条生长变慢，严重时枯死，危害部位膨大突起。

（2）形态诊断

①成虫。体黑色，狭长，呈梭形，有金属光泽。雌虫体长6~7毫米，雄虫体长4~5毫米，体宽约1.8毫米。头中陷，触角锯齿状，复眼黑色，前胸背板中部稍隆起，头、前胸、翅鞘上密布刻点，鞘翅中部两侧内陷。

②卵。扁椭圆形，长约1.1毫米，初产时白色，后变黑色。

③幼虫。体长12~20毫米，扁平，乳白色。头棕褐色，缩入

前胸内。前胸膨大，中部有"人"字形纵纹，尾部有一对褐色尾铗。

④蛹。乳白色，羽化前为黑色，体长4~7毫米。

（3）发生规律

该虫每年一代，以幼虫在2~3年生被害枝内越冬，越冬幼虫5月中旬开始化蛹，化蛹盛期在6月，7月为成虫发生盛期和产卵期。成虫钻出树枝后，经10~15天取食核桃叶片，开始交尾产卵，卵多产在树冠外围和生长衰弱的2~3年生枝向阳光滑的叶痕及其附近，卵期10天左右，幼虫孵化后蛀入皮层和皮与木质部之间危害，8月下旬幼虫蛀入木质部做一蛹室越冬。

（4）防治措施

刮杀：7月中旬至7月下旬，发现新鲜的或正出水的半圆形裂口及时刮除树皮，杀死幼虫，然后绑塑料布或涂白，以免阳光直晒、脱水和病虫从伤口侵染。

剪除虫枝：在4月中旬至5月下旬，树木发芽后，成虫羽化前，或结合采收核桃，剪除虫害枝，烧毁、消灭幼虫或蛹。

树干喷药：在成虫期用金刹2 500~3 000倍液喷洒树干，毒杀卵及初孵幼虫；或用氟虎1 000~1 500倍喷洒液树干防治成虫。

利用天敌防治：不经常用药的核桃园，天敌数量多，如寄生蜂和寄生蝇类，可利用天敌防治，或用刮杀和剪枯枝、枯梢的办法，尽量不要用杀虫药。

加强土肥水管理，提高核桃的抗虫能力。

132. 如何识别和防治云斑天牛？

云斑天牛俗称核桃天牛、白条天牛、铁炮虫等，属鞘翅目、天牛科。

（1）危害

幼虫蛀食树干皮部和木质部，成虫危害新梢、嫩皮和新叶，严重时造成核桃死亡。

（2）形态诊断

①成虫。体长51～65毫米，黑褐色。体背面附着薄层黄粉，并密被灰白色或灰绿色绒毛。腹面、腿、触角黑色。触角11节。两触角之间有1块椭圆形小白斑。翅鞘上有明显的白斑，前半部大小相同，中部至端部有数个大斑，形若云状。卵长8～9毫米，长椭圆形，略弯曲，土黄色。

②卵。卵为长椭圆形，略弯曲，长8～9毫米，宽3～4毫米，初产乳白色，后变为淡土黄色，表面坚韧光滑。

③幼虫。幼虫体长45～80毫米，乳白色至淡黄色，头部深褐色，前胸背板上有一"凸"字形褐斑，后胸及腹部1～7节骨化组成，腹面呈"回"字形，腹面呈"口"字形。

④蛹。蛹长40～70毫米，裸蛹初化蛹时乳白色，渐变为灰褐色。

（3）发生规律

2年发生1代，以幼虫或成虫在树干蛀道内或蛹室内越冬。4月下旬越冬成虫开始出蛰，6月上中旬为出蛰盛期，8月上旬为出蛰末期，出蛰时间长，不集中。6月中旬开始产卵，6月下旬至7月中旬为产卵盛期，8月中旬为产卵末期。6月下旬初孵幼虫开始蛀入，7月上旬至7月下旬为初孵幼虫蛀入盛期，8月下旬为蛀入末期，9月下旬至10月上旬进入越冬。翌春3月下旬幼虫开始活动取食，危害至8月下旬或9月上旬幼虫老熟，后在蛀道末端作蛹室化蛹，9月下旬至10月上旬成虫羽化，在蛹室内越冬。

（4）防治措施

人工捕杀成虫：成虫发生期经常检查，利用成虫的假死性进行人工振落、直接捕杀，也可在晚上用黑光灯诱杀成虫。

虫孔注药：发现排粪孔后，清除虫孔内的虫粪和木屑，用棉球或卫生纸蘸50%辛硫磷乳剂200倍药液塞堵虫孔，或向虫孔内放入乙磷铝药片熏杀幼虫，外面用泥密封虫孔，效果很好。

清除虫源树：在秋冬季砍伐受害严重的树木，并及时处理树干内的越冬幼虫和成虫，消灭虫源。

利用跳小蜂科的小茧蜂、啄木鸟等天敌抑制云斑天牛。

在成虫产卵期或产卵后检查树干基部，寻找卵刻槽或流黑水的地方，用工具砸槽，或挖卵槽以消灭卵和初孵幼虫。

133. 如何识别和防治核桃举肢蛾？

核桃举肢蛾俗称核桃黑，属鳞翅目，举肢蛾科。

（1）危害

举肢蛾危害核桃果实。

（2）形态诊断

成虫体长4~7毫米，翅展12~15毫米。体呈黑褐色，有光泽，腹面银白色。后足长，栖息时向后侧上方举起，故名举肢蛾。卵呈椭圆形，初产时为乳白色，渐变为黄白色，孵化前为红褐色。

（3）发生规律

举肢蛾的发生与环境条件有密切的关系，低海拔地区每年发生2代，高海拔地区每年发生1代。多雨年份发生严重，荒坡地、管理差的核桃园发生严重。山区核桃园杂草多、乱石叠加，有利于幼虫越冬和成虫产卵藏匿，防治困难。

（4）防治措施

深翻树盘：晚秋季或早春深翻树冠下的土壤，破坏越冬虫茧，可消灭部分越冬幼虫，或使成虫羽化后不能出土。

合理密度、整形修剪，改善核桃园通风透光条件。

树冠喷药：掌握成虫产卵盛期及幼虫初孵期，每隔 10~15 天选喷 1 次 50% 杀螟硫磷乳油或 50% 辛硫磷乳油 1 000 倍液，2.5% 溴氰菊酯乳油或 20% 杀灭菊酯乳油 3 000 倍液等，共喷 3 次，将幼虫消灭在蛀果之前。

地面喷药：成虫羽化前或个别成虫开始羽化时，在树干周围地面喷施 50% 辛硫磷乳油 300~500 倍液，每亩用药 0.5 千克，或撒施 4% 敌马粉剂，每株 0.4~0.75 千克，以毒杀出土成虫。在幼虫脱果期，树冠下施用辛硫磷乳油或敌马粉剂，毒杀幼虫亦可收到良好效果。

摘除被害果：受害轻的树，在幼虫脱果前及时摘除变黑的被害果，可减少下一代的虫口密度。

134. 如何识别和防治核桃扁叶甲？

核桃扁叶甲又称核桃叶甲、金花虫，属鞘翅目、叶甲科。

（1）危害

核桃扁叶甲是一种发生普遍、危害严重、专食核桃叶片的害虫，树叶被食光的现象经常出现。

（2）形态诊断

①成虫。体长 5~7 毫米，背面扁平。前胸背板淡棕黄，头鞘翅蓝黑，有 1 对触角，足全部黑色。腹部暗棕色，端缘棕黄，头小，中央凹陷，刻点粗密，触角短，端部粗，节长约与端宽相

等，前胸背板宽约为中长的 2.5 倍，基部狭于鞘翅，侧缘基部直，中部之前略弧弯，盘区两侧高峰点粗密，中部明显细弱。鞘翅每侧有 3 条纵肋，各节基部，腹面呈齿状突出。

②卵。核桃扁叶甲卵长 1.5~2.0 毫米，长椭圆形，橙黄色，顶端稍尖。

③幼虫。核桃扁叶甲老熟幼虫体长 8~10 毫米，污白色，头和足黑色，胴部具暗斑和瘤起。

④蛹。核桃扁叶甲蛹体长 6~7.6 毫米，浅黑色，体有瘤起。

（3）发生规律

1 年发生 1 代。成虫在树干基部皮缝中或地面覆盖物中越冬。一般于 5 月初开始活动，即上树取食叶片，并在叶背产卵，幼虫孵化后群集叶背取食，只残留叶脉。5~6 月为成虫和幼虫的同时危害期。

（4）防治措施

清理越冬场所，处理大树粗皮，清理核桃园枯枝落叶。

核桃扁叶甲幼虫发生高峰期，摘除有大量卵或幼虫的叶片并烧毁；或利用成虫的假死性，人为振落捕杀；成虫上树时利用黑光灯诱杀。

保护和利用其天敌，如益螨、异色瓢虫、龟纹瓢虫、黑布甲、奇变瓢虫和六斑异瓢虫等。

喷施药剂进行防治。在成、幼虫树上取食期，尤其越冬成虫初上树活动取食期，喷施绿色威雷 100 倍液或 1.2% 苦烟乳油 500 倍液可防治成虫、幼虫。

环刮老树皮（勿伤及树干形成层），宽度约等于树的胸径，然后将化学农药抹在刮好的环上。

135. 如何识别和防治芳香木蠹蛾?

芳香木蠹蛾又名杨木蠹蛾、红虫子、蒙古木蠹蛾,属鳞翅目,木蠹蛾科。

(1)危害

幼虫常群栖危害根颈外皮层与木质部,使根颈部皮层开裂。

(2)形态诊断

成虫体长24~40毫米,翅展80毫米,体灰乌色,触角扁线状,头、前胸淡黄色,中后胸、翅、腹部灰乌色,前翅翅面布满龟裂状黑色横纹。卵近圆形,初产时白色,孵化前暗褐色。老龄幼虫体长80~100毫米,初孵幼虫粉红色,大龄幼虫体背紫红色,侧面黄红色,头部黑色,有光泽,前胸背板淡黄色,有两块黑斑,体粗壮,有胸足和腹足,腹足有趾钩,体表刚毛稀而粗短。蛹长约50毫米,赤褐色。

(3)发生规律

芳香木蠹蛾2年完成1代。幼虫在被害树木的蛀道内和树干基部附近的土内越冬。越冬老熟幼虫于4~5月份化蛹,6~7月份羽化出成虫。成虫多在夜间活动,有趋光性。卵多产于树干基部或根颈结合部的裂缝或伤口边缘等处。幼虫孵化后即从伤口、树皮裂缝或旧蛀孔等处钻入皮层危害,排出细碎均匀的褐色木屑。此阶段常见十余头或几十头幼虫群集危害。9月下旬至10月上旬,幼虫老熟,爬出隧道,在根际处或离树干几米外向阳干燥处约10厘米深的土壤中结伪茧越冬。老熟幼虫爬行速度较快,遇到惊扰会分泌出一种有芳香气味的液体,因此而得名。

(4)防治措施

及时发现和清理被害枝干,消灭虫源。

树干涂白，防止成虫在树干上产卵。

在 6 月中旬至 7 月下旬，成虫产卵期用 50% 杀螟硫磷乳油 1 000~1 500 倍液或 40% 哒嗪硫磷乳油 1 500~2 000 倍液、20% 哒嗪硫磷乳油 800~1 000 倍液、2.5% 溴氰菊酯乳油 2 000~3 000 倍液、25% 灭幼脲悬浮剂 1 500 倍液等，喷树干 1.3 米以下 2~3 次，杀灭初孵幼虫效果好。5~10 月幼虫蛀食期，用上述药剂 30~50 倍液注入虫孔 1 次，药液注入量以能杀死蛀道内幼虫为度，一般 10~20 毫升即可，注多了易造成烂干，注药后用泥封口。

5~6 月成虫发生期，利用太阳能杀虫灯或黑光灯诱杀。

136. 如何识别和防治木橑尺蠖？

木橑尺蠖又称小大头虫，属于鳞翅目尺蛾科。

（1）危害

木橑尺蠖主要危害核桃叶片。

（2）形态诊断

①成虫。成虫体长 18~22 毫米，白色，头部呈金黄色。胸部背面具有棕黄色鳞毛，中央有 1 条浅灰色斑纹。卵为扁圆形，长约 1 毫米，翠绿色，孵化前呈暗绿色。

②卵。长 0.9 毫米，扁圆形，绿色。卵块上覆有一层黄棕色绒毛，孵化前变为黑色。

③幼虫。体长 70~78 毫米，通常幼虫的体色与寄主的颜色相近，体绿色、茶褐色、灰色不一，并散生有灰白色斑点。头顶具黑纹，呈倒"V"形凹陷，头顶及前胸背板两侧有褐色突起，体表多灰色斑点。

④蛹。长 24~32 毫米，棕褐色或棕黑色，有刻点，臀棘分

叉。雌蛹较大。翠绿色至黑褐色，体表光滑，布满小刻点。

（3）发生规律

1 年发生 1 代，以蛹在树干周围土中或阴湿的石缝或梯田壁内越冬。第二年 5～8 月冬蛹羽化，7 月中旬为羽化盛期。成虫出土后 2～3 天开始产卵，卵多产于寄主植物树皮缝或石块中，幼虫发生期在 7 月至 9 月上旬。8 月上旬至 10 月下旬老熟幼虫化蛹越冬。幼虫活泼，稍受惊吓即吐丝下垂。成虫不活泼，喜晚间活动，趋光性强。5 月降雨有利于蛹的生存，阴坡越冬死亡率高。

（4）防治措施

用黑光灯诱杀成虫或清晨人工捕捉，也可在早晨成虫翅受潮时扑杀。

成虫羽化前在虫口密度大的地区组织人工于早春、晚秋挖蛹并集中杀死。

根据木橑尺蠖以蛹在核桃际附近土中越冬的习性，结合秋冬管理，清理树冠下的落叶及表土，深埋入土，以减少来年蛾量。

各代幼虫孵化盛期，特别是第 1 代幼虫孵化期喷 90% 敌百虫800～1 000 倍液，或 50% 杀螟松乳油 1 000 倍液，磷乳油 1 200倍液，或 50% 马拉硫磷乳油 800 倍液，或 5% 氯氰菊酯乳油 3 000倍液。

虫害发生量大、进入防治适期时，提倡使用动力型超低量喷雾机，将 20% 杀灭菊酯乳油兑水 5～10 倍，进行超低量喷洒。

137. 如何识别和防治核桃瘤蛾？

核桃瘤蛾又称核桃毛虫，为鳞翅目，瘤蛾科。

（1）危害

幼虫危害叶片，它是一种暴食性害虫，严重时可将核桃叶吃光。

（2）形态诊断

①成虫。体长6~9毫米，翅展15~24毫米，雌虫触角丝状，雄虫羽状，前翅前缘基部及中部有3块明显的黑斑，从前缘至后缘有3条波状纹，后缘中部有一褐色斑纹。

②卵。扁圆形，直径0.2~0.4毫米，初产卵乳白色，孵化前变为褐色。

③幼虫。老熟幼虫体长10~15毫米，背面棕黑色，腹面淡黄褐色，体形短粗而扁，头暗褐色。上方有一个不太明显的尖字沟。中后胸背面各有4个瘤状突起，为黄白色。中后胸背面中央有一个明显的白色十字线，纵线一直延伸至前胸背板。腹部背面各节有4个暗红色的瘤，而且生有短毛。

④蛹。黄褐色，椭圆形，长8~10毫米。越冬茧长圆形，丝质细密，浅黄白色。

（3）发生规律

1年发生2代，以蛹茧在树冠下的土块或石块下、杂草内、树皮缝、树洞中越冬。5月中旬至6月上旬羽化，羽化盛期一般为6月上旬。6月中旬前后是产卵盛期，卵散产于叶背主侧脉交叉处，通常卵期为7天左右。成虫有趋光性。幼虫3龄前不活动，在叶背面啃食叶肉，3龄后将叶吃成缺刻或网状，仅留叶脉，白天到树皮缝内或两果交接处隐蔽不动，晚上再爬到树叶上取食。7月上中旬是第1代老熟幼虫下树的盛期，蛹期一般9~14天。9月中下旬第2代幼虫全部下树化蛹越冬。

（4）防治措施

通过刮皮、刨树盘及深翻土壤，可消灭树下越冬的大部分蛹。

利用幼虫白天隐蔽在暗处的习性，在树干上绑带药的草把诱集幼虫，每天换 1 次草把，可杀死大量幼虫。

利用成虫的趋光性，在成虫大量出现的 6 月上旬至 7 月上旬设黑光灯诱杀。

幼虫发生期喷 50% 对硫磷 1 500～2 000 倍液，或敌杀死 5 000 倍液，西维因 600 倍液，50% 杀螟松乳化剂 1 000 倍液。

138. 如何识别和防治黄刺蛾?

黄刺蛾俗名洋辣子、八角丁等，属鳞翅目、刺蛾科。

（1）危害

黄刺蛾主要危害叶片，造成叶片出现孔洞、缺刻或仅留叶柄、主脉，严重影响树势和果实产量。

（2）形态诊断

①成虫。体长 13～16 毫米，翅展 32 毫米左右，头胸为黄色，触角丝状，腹黄褐色，前翅的黄色区和褐色区各有一黄褐色的圆斑，后翅浅褐色。

②卵。扁平，椭圆形，浅黄色，约 1.5 毫米。

③幼虫。体长约 25 毫米，小时黄色，老熟时深黄或黄绿色。头小，浅褐色。背部有哑铃状棕褐色或紫斑一块。各节有 4 个刺丛，胸部为 6 个，尾部 2 个较大，故称八角。

④蛹。椭圆形，长 12 毫米，黄褐色。

⑤茧。外壳硬，椭圆或卵形，灰白色，表面有灰褐色纵条纹。

（3）发生规律

在 1 年发生 1 代的地区，翌年 5～6 月化蛹，6 月中旬出现成虫，在叶背面产卵。成虫夜间活动，有趋光性。7 月中旬至 8 月下旬出现幼虫，初孵的幼虫取食卵壳，然后在叶背群集啃食下表皮及叶肉，呈圆形透明小孔。幼虫长大后分散危害，常会吃光叶片，仅残留叶柄。1年发生2代的地区，于5月下旬至6月上旬开始出现越冬代成虫，7月上旬是第1代幼虫危害盛期，8月上中旬是第2代幼虫危害盛期，至8月下旬幼虫老熟，在树上结茧越冬。

（4）防治措施

农业防治。冬、春季剪除冬茧集中烧毁，消灭越冬幼虫。成虫羽化期，可结合防治其他害虫，用频振式杀虫灯或黑光灯，诱杀成虫。当老熟幼虫开始在枝条上结茧时马上将其杀死，或在冬季树木修剪时敲碎树枝上的虫茧，减少越冬虫口密度。

保护和利用天敌，如上海青蜂、刺蛾紫姬蜂等。

喷药防治。以生物制剂、矿物源药剂为主，7月初幼虫初发期叶面喷1次300~500倍液Bt乳剂，10天后5%灭幼脲3号2 000倍液，或30%蛾螨灵2 000倍液。

139. 如何识别和防治大青叶蝉？

大青叶蝉又称浮尘子、大绿叶蝉、青叶跳蝉等，属同翅目，叶蝉科。

（1）危害

大青叶蝉刺吸危害核桃枝条和叶片，使其坏死或枯萎。

（2）形态诊断

①成虫。体长7~10毫米，雄虫较雌虫略小，体青绿色，头部橙黄色，左右各具一小黑斑，触角鬃状，复眼黑褐色，有光泽，头部背面有2个单眼，两单眼间有2个多边形黑斑点。前胸

背板前缘黄色，其余为深绿色。前翅革质，绿色微带青蓝，末端灰白色，半透明。前翅反面、后翅和腹背均为烟熏色，腹部两侧和腹面橙黄色，足黄白至橙黄色。

②卵。长卵圆形，微弯曲，一端较尖，长约 1.6 毫米，乳白色至黄白色。

③若虫。初孵化时为白色，微带黄绿。头大腹小。复眼红色。2~6 小时后，体色渐变淡黄、浅灰或灰黑色。3 龄后出现翅芽。老熟若虫体长 6~7 毫米，头冠部有 2 个黑斑，胸背及两侧有 4 条褐色纵纹直达腹端。

（3）发生规律

1 年发生 3 代，第 1、2 代在农作物和蔬菜上危害，第 3 代成虫迁移到核桃树上产卵，并以卵越冬。第 3 代成虫产卵于核桃 1~2 年生枝条上，产卵器刺破表皮，形成月牙形伤口，每个伤口内有卵 7~10 粒。春季核桃萌芽时孵化为幼虫，在杂草、农作物、蔬菜上危害。5 月下旬为第 1 代成虫发生期，6~8 月为第 2 代成虫发生期，8~11 月出现第 3 代成虫，各代重叠发生，10 月中旬后则转移到核桃上产卵过冬，10 月下旬为产卵盛期。成虫喜在潮湿背风处栖息，在早晨或黄昏气温低时，成虫、若虫多潜伏不动，午间气温高时较为活跃。

（4）防治措施

在成虫期利用灯光诱杀，可以消灭大量成虫。

成虫早晨不活跃，可以在露水未平时，进行网捕。

在 9 月底至 10 月初收获庄稼时，或 10 月中旬左右雌成虫转移至核桃上产卵及翌年 4 月中旬越冬卵孵化，幼龄若虫转移到矮小植物上时，虫口集中，可以用 90% 敌百虫晶体、50% 辛硫磷乳油、50% 甲胺磷乳油 1 000 倍液喷杀。

140. 如何识别和防治桃蛀螟?

桃蛀螟又称核桃钻心虫。鳞翅目，螟蛾科。

（1）危害

桃蛀螟主要危害核桃的果实，造成落果、减产。

（2）形态诊断

①成虫。体长 9 ~ 14 毫米，翅展 22 ~ 25 毫米，全身橙黄色，体翅表面均散布有大小不等的黑色豹纹状斑，前翅 25 ~ 26 个，后翅上有 10 ~ 15 个黑斑。

②卵。椭圆形，长约 0.6 毫米，表面粗糙，布有细微的微圆形刻点。初呈乳白色，后变为橙黄色、红褐色。

③幼虫。老熟幼虫体长约 25 毫米，体色变化较大，有淡褐色、浅灰色、暗红色等，背面带紫红色，腹部表面有许多黑褐色凸起，头暗褐色。

④蛹。长椭圆形，体长约 13 毫米，开始为浅黄绿色，后变为褐色，腹部第 5 ~ 7 节背面各有 1 排小刺，末端有细刺 6 根。

⑤茧。长椭圆形，灰褐色。

（3）发生规律

一年发生 3 ~ 5 代，均以老熟幼虫在玉米、向日葵等残株内结茧越冬。幼虫于 5 月下旬至 6 月下旬危害，以 4 代幼虫越冬，翌年 4 月初化蛹，4 月下旬进入化蛹盛期，4 月底至 5 月下旬羽化，越冬代成虫在核桃上产卵。

（4）防治措施

生长期，发现被害的虫果应及时摘除，并捡拾核桃园中掉落在地上的虫果，用专门的果袋收集起来，集中运出园外销毁或深埋，消灭果内幼虫。

利用糖醋液、黑光灯、频振式杀虫灯进行诱杀，有条件的也可以使用桃蛀螟性诱剂诱杀。

保护、释放其天敌，或喷洒生物农药。

于第1、2代成虫产卵盛期，选用2.5%高效氯氟氰菊酯乳油1 500～2 000倍液，或20%氰戊菊酯乳油200倍液，或1.8%阿维菌素乳油3 000～4 000倍液，或35%氯虫苯甲酰胺水分散粒剂8 000倍液等喷洒，间喷1次。

141. 如何识别和防治桑白蚧？

桑白蚧，别名桑盾蚧、桃蚧壳虫等，俗称树虱子，属同翅目，盾蚧科。

（1）危害

若虫和雌成虫刺吸枝干汁液，偶危害果、叶者，重者致树体枯死。

（2）形态诊断

雌成虫橙黄色或橙红色，体扁平卵圆形，长约1毫米，腹部分节明显。雌蚧壳圆形，直径2～2.5毫米，略隆起，有螺旋纹，灰白至灰褐色，壳点黄褐色，在蚧壳中央偏旁。雄成虫橙黄色至橙红色，体长0.6～0.7毫米，仅有翅1对。雄蚧壳细长，白色，长约1毫米，背面有3条纵脊，壳点橙黄色，位于蚧壳的前端。卵椭圆形，长径仅0.25～0.3毫米。初产时淡粉红色，渐变淡黄褐色，孵化前橙红色。初孵若虫淡黄褐色，扁椭圆形、体长 0.3 毫米左右，可见触角、复眼和足，能爬行，腹末端具尾毛两根，体表有绵毛状物遮盖。脱皮之后眼、触角、足、尾毛均退化或消失，开始分泌蜡质蚧壳。

（3）发生规律

1 年发生 2 代，以受精雌虫在枝条上越冬。翌年核桃萌动时，开始吸食危害，虫体迅速膨大，5 月初产卵于雌蚧壳虫下，卵期约 15 天。初孵若虫由雌蚧壳下爬出，分散活动 1~2 天后，固定在枝条上危害，5~7 天便开始分泌出蜡质蚧壳。第 1 代若虫 6 月下旬开始羽化，第 2 代若虫发生在 8 月，9 月份第 2 代成虫交尾后，以受精雌成虫在枝干上越冬。

（4）防治措施

人工防治：因其蚧壳较为松弛，可用硬毛刷或细钢丝刷刷除寄主枝干上的虫体。结合整形修剪，剪除被害严重的枝条。

化学防治：根据调查测报，抓准在初孵若虫分散爬行期实行药剂防治。推荐使用含油量 0.2% 的黏土柴油乳剂、50% 混灭威乳剂、50% 杀螟松可湿性粉剂，或 50% 马拉硫磷乳剂的 1 000 倍液。

生物防治：桑白蚧的天敌主要是红点唇瓢虫，对抑制其发生有一定的作用。在桑白蚧若虫固定后，尽量不喷化学药剂，以减少对天敌的伤害。

加强检疫：加强对核桃苗木和已经准备要用来嫁接的接穗的检疫，以免虫害现象更加严重。

142. 如何识别和防治核桃长足象甲?

核桃长足象甲又名核桃果象甲,属鞘翅目,象甲科。

(1)危害

成虫蛀果或取食芽、嫩枝、叶柄,导致核仁发育不良,危害核桃果实。

(2)形态诊断

①成虫。体长 9.5~10.8 毫米,宽 4~5 毫米。体黑色,有光泽,分布有棕色或淡棕色短毛。雄虫触角着生于头管前端 1/3 处,雌虫着生于 1/2 处。前胸背板除前缘密布点刻外,其余部分满布瘤状突起。鞘翅上有十行纵列点刻,从内向外第 2~3 行、第 4~5 行、第 6~7 行之间有 3 条隆起纵条。

②卵。长 1.2~1.4 毫米,椭圆形,初为黄白色,后变黄褐色。

③幼虫。长 14~16 毫米。体肥大,弯曲,淡黄色至黄褐色。

④蛹。裸蛹,土黄色至黄褐色。

(3)发生规律

该虫 1 年发生 1 代,以成虫在向阳处的杂草或表土内越冬。4 月下旬成虫上树危害,6 月份产卵、化蛹、孵化,然后羽化,危害核桃幼枝顶芽,11 月份越冬。成虫有假死性。

(4)防治措施

农业防治:及时捡拾落果,并摘除树上的被害果,集中处理,以消灭幼虫、蛹和未出果的成虫。也可在成虫发生盛期振动树枝,树下铺置塑料布,收集并杀灭落地成虫。

生物防治：适期喷洒每毫升含孢量 2 亿的白僵菌液，喷菌液时相对湿度在 80% 以上时，效果良好。注意保护利用天敌。

化学防治：从成虫出蛰盛期至幼虫孵化盛期，是药剂防治的关键时期，可喷洒 50% 丙硫磷乳油或 50% 辛硫硫乳油、50% 杀螟硫磷乳油 1 000 倍液、25% 甲萘威可湿性粉剂 600 ~ 800 倍液、10% 联苯菊酯乳油 2 000 倍液、10% 氯菊酯乳油 1 000 ~ 1 500 倍液、50% 辛·溴乳油 1 500 倍液等。

143. 如何预防或减轻核桃霜冻危害？

核桃发生冻害的主要原因是气候，但核桃本身的营养状况和枝条的充实程度也是影响冻害程度的重要因素。采用适当的栽培技术措施和管理方法可以在一定程度上减轻甚至避免核桃冻害的发生。

（1）科学规划，适地适树

为了避免冻害造成的损失，必须根据核桃的生物学特性和自然分布特点，明确适宜栽培区和次适宜区，在此基础上，再根据适宜栽培区内的局部小气候特点、土壤和水肥状况进行规划。

（2）加强管理，提高树体的抗寒能力

加强水肥管理，提高树体的营养水平，重施有机肥，每年果实采收后至 10 月下旬尽可能早地施入有机肥，利用秋季根系生长高峰期，提高树体贮藏营养的水平。生长季节前期，根据树体生长和结果需要，及时施入足量的速效肥，并及时灌水。生长后期，控制氮肥和浇水，避免秋后新梢旺长。

做好疏花疏果工作，合理调节结果量，避免因结果过多而影响树体营养积累，降低越冬抗寒能力。

（3）越冬前树干涂白

入冬以前，对核桃主干和一级骨干枝基部涂白，可以提高核桃枝干的抗寒能力，特别是可以避免冻融交替对树干的伤害。涂白剂配方为：石硫合剂 0.5 千克，生石灰 5 千克，食盐 0.5 千克，动物油 0.5 千克，水 20 千克。在休眠期涂刷树干还可以防治腐烂病、溃疡病等。

（4）幼树防寒

结果以前的幼树，包括刚嫁接的树，新梢生长旺盛，停止生长晚，越冬时枝条组织充实程度差，容易发生冻害或抽条。主要预防措施如下：

加强肥水管理。在正常施入基肥和追肥的基础上，注重叶面喷肥，6 月以前喷施 0.3%~0.5% 尿素，促进新梢和幼树快速生长，扩大树冠。进入 7 月后喷施 0.3%~0.5% 磷酸二氢钾，每隔 12~15 天施用 1 次，提高新梢组织的充实程度。8 月以后要注意水肥，减少浇水和氮肥的施用，以避免秋梢徒长。

摘心：8 月底至 9 月初，对没有正常停止生长的幼树新梢要进行人工摘心，强制其停止生长。如果摘心后出现的二次生长，保留 2 片叶进行二次摘心。

埋土防寒：栽后 1~2 年的幼树，将树干向嫁接口的反方向压倒埋土防寒，埋土厚度要在 20 厘米以上，这是幼树防寒最有效的措施。也可用聚乙烯涂干，对树体较大无法压倒的，可以在入冬以前用聚乙烯涂抹幼树的所有枝干和新梢，然后在幼树基部堆 1 个高 30~40 厘米的土堆，防止早春新梢抽条。

144. 核桃霜冻危害发生后的管理措施有哪些？

（1）恢复树势

在入春之后，要将那些受冻致死的枝条进行及时的剪除，对于修剪过的伤口，一定要涂上药液，以防止腐烂病。同时要控制修剪的程度，根据实际情况剪掉受损部位的一部分或者全部。此外，要加强水肥管理，追施速效肥（如尿素），以确保树势能够尽快地恢复。

（2）人工授粉

一般情况下，核桃雄花春季晚霜冻害危害比较严重，有时全部冻死，雄花受冻后造成雌花无法受粉。因此，采取人工授粉促进二次坐果是核桃受冻后最有效的补救措施。

（3）水肥管理

核桃受冻后要及时浇水，追加氮磷钾复合肥，增加树体营养，防止生理落果，有条件的地方及时喷施叶面肥，促进恢复树势和隐芽生长，尽快长出新梢，积累营养。有的品种在重新长出的新梢上还能够结果，应及时采取保花保果措施。

（4）预防病菌

树体萌动前，要对全树喷施 70% 甲基托布津 500 ~ 1 000 倍液，或者是喷施腐必清乳剂 60 ~ 100 倍液，以起到杀灭病原菌的效果。

（5）清理树体

对于轻度的腐烂病，可以先将老皮打去，使隐藏在皮下的溃疡斑外露，然后对其进行刷药。对于已经烂到木质部的病斑，可以沿病斑外围切除病疤，使之成为梭形，然后在处理处用果腐康药液涂抹，并将刮出的病斑或病枝烧毁。

第十章 核桃采收、贮藏与加工

145. 如何确定核桃果实成熟采收时间?

核桃从坐果到果实成熟需要 130～140 天。核桃果实成熟期因品种、地区和气候不同而异,早熟品种与晚熟品种间成熟期可相差半个月以上。气候及土壤水分状况对核桃成熟期影响也很大。在初秋气候温暖,夜间冷凉而土壤湿润时,青果皮与核仁的成熟期趋向一致;而当气温高,土壤干旱时,核仁成熟早而青果皮成熟则推迟,最多可相差几周。同一地区内的成熟期也不同,低山区比高山区成熟早,阳坡较阴坡成熟早,干旱年份比阴雨年份成熟早。青果皮成熟时,由深绿色或绿色变为黄绿色或淡黄色,茸毛稀少,果实顶部出现裂缝,与核壳分离,为青皮的成熟特征。内隔膜由浅黄色转为棕色,为核仁的成熟特征。

核桃果实采收适期非常重要,采收过早青皮不易剥离,核仁不饱满,单果重、出仁率和含油率均明显降低,使产量和品质均受到严重损失;采收过晚则果实容易脱落,同时青皮开裂后仍留在树上,阳光直射的一面坚果硬壳及内种皮颜色变深,同时也容易受霉菌感染,导致坚果品质下降。有研究发现,青皮裂口比例与脂肪含量、蛋白质含量、出仁率呈显著正相关,与核仁含水量呈显著负相关。因此,青皮裂口比例可作为核桃果实是否成熟的重要标志，当1/3的外皮裂口时即可采收，过早过晚均不利于核仁的品质。

146. 核桃采收方法有哪些?

（1）人工采收

人工采收法是我国目前普遍采用的采收方法。人工采收就是在果实成熟时，用带弹性的木杆或竹竿敲击果实所在的枝条或直接触落果实。敲打时应自上而下，从内向外顺枝进行，以免损伤枝芽，影响翌年产量。新建矮化核桃品种园多用人工采摘。

（2）机械采收

机械振动采收法是于采收前10~20天，在树上喷施500~2 000毫克/千克乙烯利催熟，采收时用机械振动树干，使果实振落于地面，这种方法在美国已普遍采用。其优点是青皮容易剥离，果面污染轻。但用乙烯利催熟往往会造成早期落叶而削弱树势。

无论采用什么方法采收，采收前均应将地面早落的病果、虫果等捡拾干净，并做妥善处理。对于打落的果实应及时捡拾，剔除病果、虫果，将带青皮的果实和落地后已脱去青皮的坚果分别放置。脱去青皮的坚果可直接漂洗，以免混在带青皮的果实中脱青皮时污染坚果果面。对于采收后的果实应尽快放置在阴凉通风处，注意避免阳光暴晒，以免温度过高使核仁颜色变深，甚至使核仁酸败变味。

147. 采收后核桃园如何管理?

核桃果实采收后，树体营养开始进入积累期，管理的好坏直接决定树势的强弱及来年产量的高低，对生产效益影响较大。在核桃果实采收后，抓好以下管理措施的落实，对于产量的稳定和生产效益的提高具有非常重要的意义。

（1）整形修剪

核桃采果后的整形修剪工作主要有以下4个方面：

①疏除幼树延长枝附近的竞争枝，调整主枝、侧枝及结果枝组的搭配；

②疏除结果和盛果期树的背上直立枝以及结果后的下垂枝、交叉枝、重叠枝和过密枝，以减少营养消耗，改善内膛光照条件，利于翌年优质高产；

③对骨干枝角度小的核桃，可适当拉枝，开张角度，缓和生长势；

④剪除干枯、有病虫害、机械损伤等枝条，并将剪下的病虫枝条及树梢及时清理出核桃园，与烂果、病果、僵果集中烧毁或深埋。

（2）施肥

在核桃果实采摘结束后，紧接着就是秋施基肥，建议在采收后至落叶前进行。这是因为此时土温较高，不但有利于伤根愈合、新根形成和生长，而且有利于有机肥料的分解和吸收，对提高树体营养水平，促进花芽分化和生长发育都有很好的效果。

施基肥时结合土壤深翻进行，基肥以有机肥为主。根据核桃产量、立地条件、树体营养状况进行施肥。施肥时要注意把肥料和土拌匀，不能直接堆在坑里。另外，也可在采收后至落叶前叶面喷施适宜浓度的尿素和磷酸二氢钾等叶面肥，有利于树体储存营养，促进花芽分化。

（3）浇水

一般在落叶前，结合秋施基肥及时浇一次水，有利于基肥的吸收，加速肥料的分解，还利于土壤保墒，增加入冬前树体养分储备，提高树体越冬能力，有利于塑春萌芽和开花。

（4）病虫害防治

秋冬季是防治病虫害的最佳时期，本着"预防为主，综合防治"的原则，针对核桃园的具体病虫害发生情况及时进行防治，结合秋季修剪剪除病虫枝、干枯枝，集中掩埋焚烧，并做好清园工作，减少病虫源。在秋末用刀刮除感病树皮，并涂抹药液，防治干腐病、溃疡病等病害。同时进行树干涂白，树干涂白可有效防治核桃腐烂病、云斑天牛和核桃瘤蛾等病虫害。

148. 鲜食核桃如何贮藏？

（1）气调贮藏库

气调贮藏，即借助农产品的呼吸代谢和薄膜渗气调节气体平衡，在包装袋内形成高二氧化碳、低氧气体积分数的微环境，从而降低呼吸作用与水分蒸腾，减少营养损耗，延长贮藏寿命。采用隔氧包装或充氮包装，能抑制微生物及虫害的繁殖，且能控制油脂腐败，从而延长核桃货架期。

简易气调贮藏采用具备一定气调功能的纳米材料，同样可以取得理想效果。纳米材料作为包装材料，其性能体现在具有抗菌表面、低透氧率、低透湿率和阻隔二氧化碳等方面。纳米材料包装属于自发气调包装，可以维持低氧气、高二氧化碳的气体环境，在纳米包装材料中添加了纳米银、纳米二氧化钛，具有一定的抗菌、抑菌作用。

简易气调贮藏的主要方式是采用塑料薄膜包装贮藏，使用塑料帐密封贮藏应在温度低、干燥季节进行，以便使帐内湿度保持在较低水平。将核桃装袋后堆成垛，在0~1℃下用塑料薄膜大帐罩起来，把二氧化碳或氮气充入帐内，贮藏初期充气浓度应达50%，以后二氧化碳保持20%，氧气保持2%，这样既可防止核仁脂肪氧化变质又能防止核桃发霉和生虫。

（2）冷库贮藏

低温环境是核桃进行长期贮藏的首要条件。温度12~14℃，相对湿度为50%~60%的环境是贮藏核桃的最佳条件。鲜食核桃的最适贮藏温度为10℃，相对湿度为70%。

核仁在冷藏条件下，能取得较好的贮藏效果。核仁在10℃，相对湿度为60%的条件下，保质期可达1年，其物理、化学、感官等品质指标均在规定范围内；另外，核仁在1.1~1.7℃的冷藏柜中，保藏2个月仍不腐败变质，而含水量3.3%的核仁在24℃下贮藏30天后，再包装在聚乙烯袋中，在贮藏温度0~1℃的库中可贮藏1年以上。

（3）栅栏技术

栅栏技术也称为联合保存、联合技术或屏障技术，是将多种技术科学合理地结合在一起，通过各种保藏因子（栅栏因子）的协同作用，如水分活度、防腐剂、酸度、温度、氧化还原电势等，建立一套完整的屏蔽体系，以控制微生物的生长繁殖，抑制引起食品氧化变质的酶的活性，阻止食品腐败变质及降低对食品的危害性。

核仁含水率、破碎程度、贮藏温度、充气情况、光照情况等栅栏因子对核仁理化性质均有不同程度影响。其中破碎程度、贮藏温度及光照情况在短时期内对核仁酸价、过氧化值影响较大；充气情况、含水率在长期贮藏中的影响会较为明显。

149. 核桃果实脱青皮有哪些方法?

（1）堆沤脱皮法

堆沤脱皮法是传统的核桃果实脱青皮方法。采收后将果实及时运到阴敝处或室内，按50厘米左右的厚度堆成堆（堆积过厚易腐烂），然后盖上一层麻袋或10厘米左右的干草或树叶，以保持堆内温度、湿度，促进后熟。适期采收的果实一般堆沤3~5天青皮即可离壳，此时用木板或铁锹稍加搓压即可脱去青皮。堆沤时忌时间过长，否则青皮变黑甚至腐烂，污染坚果外壳和核仁，降低坚果品质和商品价值。一般正常的果实堆沤3~5天均能脱去青皮，而个别不产生离层的果实多为未受精而没有核仁的假果，没有价值可弃之。

（2）乙烯利脱皮法

乙烯利脱皮法是广泛使用的脱青皮方法。将采收的果实用3 000~5 000毫克/千克乙烯利溶液浸蘸1分钟，然后堆成厚50厘米左右的果堆，上面覆盖塑膜，在温度为30℃左右，相对湿度80%~90%的条件下，2~3天，脱青皮率可达95%。此方法比堆沤法脱皮快，仅少量坚果表面有局部污染，核仁变质率约1.3%。此法对成熟度稍差及脱青皮较难的品种效果较好，不仅可以缩短脱青皮所需时间，而且避免了堆沤时间过长对坚果造成的污染。但成熟度较高、大量青皮已开裂的果实，不宜采用此法。否则不仅是人力物力的浪费，而且因乙烯利溶液进入已开裂的果实青皮与坚果之间，对坚果果壳及核仁造成污染。在应用乙烯利脱皮过程中，为提高温度、湿度，果堆上可以加盖一些干草，但忌用塑料薄膜之类不透气的物质蒙盖，更不能装入密闭的容器中。

（3）机械脱青皮

根据加工原理可将机械法脱青皮分为钢丝刷皮法、刀片切割脱皮法、挤压摩擦刮削脱皮法、刀片与钢丝刷结合脱皮法等。机械脱青皮处理，具有青皮果不用堆沤、脱青皮效率高、脱皮干净、不伤内核、脱青皮和清洗同时进行等优点，脱皮清洗后，可直接进行晾晒或烘干。此法要求果实无病虫害、青皮完整。

（4）冻融脱青皮

冻融脱青皮法是利用冷冻和融化交替的方法去除青皮。采收后，剔除病害果和虫害果，利用低温设备将鲜核桃进行 $-5 \sim -25$℃低温冷冻，待核桃青皮完全冻透，即青果皮全部结冰，脱皮时有明显的冰屑嵌入青皮内，再升温至 0℃以上使其融化。待核桃青皮开裂和流汁软化后再采用人工或机械剥离青皮。冻融后使用机械剥离速度快、剥离率高，可实现流水作业。该方法缺点是需增加冷冻及升温设备。

150. 核桃坚果清洗方法是什么？

核桃果实脱青皮后，如果坚果作为商品出售，应洗涤清除坚果表面残留的烂皮、泥土和其他污染物，然后再进行漂白处理，以提高坚果的外观品质和商品价值。其方法是将脱青皮后的坚果装筐，将筐置于水池中或流动水中，用竹扫帚搅洗。每次洗涤 5 分钟左右，洗涤时间不宜过长，以免脏水渗入壳内污染核仁。在水池中洗涤时，应及时换清水。如不需漂白，即可将洗涤好的坚果摊放在席箔上晾晒。除人工洗涤外，也可用机械洗涤，其效率比人工清洗高 3~4 倍，成品率高 10% 左右。

151. 核桃坚果清洗后如何进行干燥处理?

(1) 晒干法

漂洗后的干净坚果不能立即放在日光下曝晒,应先摊放在竹箔或高粱箔上晾半天左右,待大部分水分蒸发后再摊晒。湿核桃在日光下曝晒会使核壳翘裂,影响坚果品质。晾晒时,坚果厚度以不超过 2 层果为宜。晾晒过程中要经常翻动,使核桃达到干燥均匀、色泽一致。一般经过 10 天左右即可晾干。

(2) 烘干法

在多雨潮湿地区,可在干燥室内将核桃摊在架子上,然后在屋内用火炉子烘干。干燥室要通风,炉火不宜过旺,室内温度不宜超过40℃。用烘干机加热,烘干质量高,速度快,可一次烘干2~4 吨。如果数量比较大,为了提高速度,可多安装几台。

(3) 热风干燥法

用鼓风机将干热风吹入干燥箱内,使箱内堆放的核桃很快干燥。鼓入热风的温度以 40℃为宜。温度过高会使核仁内脂肪变质,当时不易发现,贮藏几周后即腐败不能食用。

152. 常用的核桃坚果贮藏方法有哪些?

(1) 湿藏法

在地势高燥、排水良好、背阴避风处挖深 1 米、宽 1~1.5 米,长度随贮量而定的沟。沟底铺层 10 厘米厚的洁净湿沙,然后铺上一层核桃坚果一层沙,沟壁与核桃之间以湿沙充填。铺至距沟口 20 厘米时,再盖湿沙与地面相平。沙上培土呈屋脊形,其跨度大于沟的宽度。沟的四周开排水沟。沟长超过 2 米时,在贮藏核桃时应每隔2米竖一把扎紧的稻草作通气孔用，草把高度以露出屋脊为度。冬季寒冷地区屋脊的土要培得厚些。

（2）干藏法

将脱去青皮的核桃坚果置于干燥通风处，晾至坚果的隔膜一折即断、种皮与核仁不易分离、核仁颜色内外一致时贮藏。将核桃坚果装在麻袋中，放在通风、阴凉的房内。贮藏期间要防鼠害、霉烂和发热。

（3）塑料薄膜包装贮藏法

将核桃坚果装袋后堆成垛，在0～1℃下用塑料薄膜大帐罩起来，把二氧化碳或氮气充入帐内。贮藏初期充气浓度应达50%，以后二氧化碳保持20%，氧气保持2%，这样既可防止核仁脂肪氧化变质，又能防止核桃坚果发霉和生虫。

（4）低温贮藏

长期贮存核桃坚果应用低温条件。贮藏时间较长、数量不大的核桃坚果，可封入聚乙烯袋，在冰箱0～5℃条件下贮藏。数量较大时，最好用麻袋或冷藏箱包装，放在0～5℃的恒温冷库中贮藏，核仁的品质可保持2年。

153. 核桃坚果质量分级标准包括哪些?

核桃坚果质量的优劣深受生产者、经营者、消费者和外贸部门的关注，不同坚果的品质具有不同的价格。分级处理，一方面满足了消费者对核桃坚果的差异化需求，另一方面，也为核桃进行深加工时的破壳机械化处理提供了条件，使核桃的商品价值最大化。

现行的核桃品质分级国家标准为《核桃坚果质量等级》（GB/T 20398—2021），该标准把核桃坚果质量分为普通核桃坚果

（面向散户种植者）和优质核桃坚果（面向规模种植者）2 类。
普通核桃坚果以均匀度、杂质、缺陷果率和仁含水率 4 个指标，
分为 4 个等级（详见表 5）；优质核桃坚果以果壳、均匀度、破损
果、出仁率、仁含水率、异色仁、杂质、缺陷果等指标，分为 3
个等级（详见表 6）。同时，也规定了核仁的质量要求（表 7）。

表 5　普通核桃坚果质量要求

质量等级	项目			
	均匀度/%	杂质/%	缺陷果率/%	仁含水率/%
普 1	≥80.0	≤1.0	≤7.0	
普 2	≥75.0	≤2.0	≤8.0	≤6.0
普 3	≥70.0	≤3.0	≤9.0	
级外	—	≤8.0	≤10.0	

表 6　优质核桃坚果质量要求

项目		优 1	优 2	优 3
果壳		自然属性的颜色，缝合线紧密		
均匀度/%		≥95.0	≥90.0	≥85.0
破损果/%		≤2.0	≤4.0	≤6.0
出仁率/%		≥50.0	≥45.0	≥40.0
仁含水率/%		≤5.0		
异色仁/%		≤5.0	≤10.0	≤15.0
杂质/%		≤1.0		
缺陷果	干瘪果率/%	≤2.0	≤3.0	≤4.0
	病虫果率/%	≤0.5	≤1.0	≤1.0
	生霉果率/%	≤0.5	≤1.0	≤1.0
	出油果率/%	≤0.5	≤0.6	≤0.8

表7　核仁质量要求

项目		特级	一级	二级	级外
色泽		黄白色或品种特有颜色	黄白色或品种特有颜色	浅琥珀色或品种特有颜色	—
气味		正常，无酸败及其他异味			
完整度/%		半仁及以上≥80.0 八分仁及以下≤2.0	四分仁及以上≥80.0 八分仁及以下≤10.0	—	—
杂质/%		≤1.0	≤2.0	≤3.0	≤3.0
缺陷仁	干瘪果率/%	≤1.5	≤3.0	≤5.0	
	病虫果率/%	≤1.0	≤2.0	≤3.0	
	生霉果率/%	≤0.5	≤0.5	≤1.0	
	出油果率/%	≤0.5	≤0.5	≤1.0	
仁含水率/%		≤5.0			

154. 核桃加工产品有哪些？

（1）核桃奶

核桃奶是以核仁、纯净水为主要原料，采用现代工艺加工、科学调配精制，再经高压杀菌或无菌包装制得的乳状饮料，有健胃、补血、润肺、养神等功效，对动脉硬化、高血压、冠心病及老年人抗衰老有良好的保健效果。

（2）核桃粉

核桃粉产品属于固体饮料类，优质核桃粉以优质核仁、白砂糖、全脂乳粉为主要原料，经核仁浸泡、研磨、浆渣分离、脱腥、配料、均质、浓缩杀菌、喷雾干燥制成。

（3）核桃乳

核桃乳为纯天然植物蛋白饮品，该产品以优质核仁、纯净水为主要原料，采用现代工艺、科学调配精制而成，口感细腻，具有特殊的核桃浓郁香味，冷饮、热饮均可，热饮香味更浓。

（4）核桃油

核桃的油脂含量高，为 $65\% \sim 70\%$，居所有木本油料之首，有"树上油库"的美誉。利用现代工艺提取其精华，这就是核桃新一代产品——核桃油。其脂肪主要成分是亚油酸甘油酯、亚麻酸及油酸甘油酯，这些都是人体所必需的脂肪酸。核桃油是将核仁通过榨油、精炼、提纯而制成，色泽为黄色或棕黄色，是人们日常生活中理想的高级食用烹调油。

（5）核桃饴糖

核桃饴糖和核桃酥糖是利用麦芽糖醇、白砂糖、淀粉糖浆等熬制，添加维生素和核桃碎，调配、冷凝成型的糖制品，由于核仁被包裹其中，免受外界氧气对其氧化的影响，能较好地保持核桃的香味和营养品质，同时有一定的甜度，可降低食用时核仁本身的苦涩味，不失为一种营养、方便、香甜味美的休闲食品，特别适合未成年人食用。

附录 1 石硫合剂的熬制和使用方法

石硫合剂是一种常用的兼有杀螨、杀菌、杀虫作用的强碱性无机农药，是一种高效低毒的农药，对人畜较安全，其熬制方法简单，成本低、效果好、实用性强。

1. 熬制方法

用 1 份新鲜生石灰、2 份细硫黄粉加 10 份水熬制而成，具体操作方法如下：

（1）熬制的时候先将水倒入大锅中，加热到 80℃，取出 1/3 倒入桶中溶解石灰，不需要搅拌，让其自行化开备用。

（2）取少量热水将少量细硫黄粉搅拌成糊状，倒入锅中，继续加热，用铲子不断搅拌，避免硫黄粉成团。

（3）水沸腾的时候（锅边起泡、硫黄层出现开花），把石灰液倒入锅中，倒入时将火调小，其余时间都要一直保持大火，一边熬制一边不停搅拌，始终保持锅中的药液沸腾。

（4）等待药液由黄色变深成红褐色（俗称香油色），药渣成黄绿色，就可以停火起锅，等待药液冷却过滤，去除药液中的杂质即可得到石硫合剂。

2. 使用方法

（1）喷雾法。冬季和早春发芽前喷施 3~5 波美度石硫合剂，能有效防病治虫。

（2）伤口处理剂。在刮治的伤口上涂抹石硫合剂，能减少有害病菌的侵染。

（3）涂白剂。用生石灰 5 千克、石硫合剂 0.5 千克、食盐 0.25 千克、油脂 0.5 千克、水 40 千克配制树干涂白剂，在休眠期涂刷树干。

3. 注意事项

（1）生石灰的质量要好，选用色白、小块、优质的石灰，含杂质过多或者风化的石灰不适宜使用，一般要求含氧化钙 85% 以上，铁、镁等杂质要少。

（2）硫黄粉要细，越细越好，400 目（0.04 毫米）以上，在调制硫黄成糊状的时候，如果有结团的现象，先将其捣碎，再加少量热水用力搅拌均匀，块状或者粒状的硫黄不适合使用。

（3）铁锅要大，便于搅拌，不能使用铝制用品熬制，以免和硫黄发生化学反应，造成器具损坏。

（4）熬制期间火力要强、均匀，使得药液一直保持沸腾状态，但不能外溢，如有外溢可以加点食盐，食盐有增高沸点、减少泡沫的作用。

（5）熬制时间不宜过长或过短，一般石灰加入后，熬煮 30~40 分钟即可。

（6）原液和稀释液与空气接触后都容易分解，所以储存原液时要在液体表面加一层油（机油、柴油、煤油都可），用加盖的塑料桶盛放更好，可使药液与空气隔离，防止氧化，延长储存时间。稀释液不易储藏，宜随用随配。

（7）石硫合剂不能与怕碱药剂及波尔多液混用。在喷过石硫合剂后，要间隔7~15天才能喷波尔多液，喷过波尔多液后需间隔15~50天才能喷石硫合剂，否则易产生药害。

（8）石硫合剂有腐蚀作用，使用时应避免接触皮肤。如果皮肤或衣服沾上原液，要及时用水冲洗。喷雾器用完后也要及时用水清洗。

4. 稀释浓度的计算方法

石硫合剂的有效成分含量与相对密度（比重）有关，通常用波美比重计测得的度数来表示，即波美度。度数越高，表示有效成分含量越高。因此，使用前必须用波美比重计测量原液的波美度数，然后根据原液浓度和所需要的药液浓度加水稀释，也可以用下列公式按重量倍数计算：

加水稀释倍数 ＝（原液波美浓度－需要的波美浓度）/需要的波美浓度

附录 2 波尔多液配制方法

波尔多液是应用范围最广、历史最久的优良廉价铜制杀菌剂。

1. 配制方法

（1）根据防治需要配制不同的混合比例。

①石灰半量式波尔多液：硫酸铜、生石灰、水的比例是 1:0.5:200。此比例，药效较快，不易污染植物，附着力稍差，多在生长前期使用。

②石灰等量式波尔多液：硫酸铜、生石灰、水的比例是 1:1:200。

③石灰倍量式波尔多液：硫酸铜、生石灰、水的比例是 1:2:200。

等量式和倍量式波尔多液，药效较慢、较安全、附着力强，会污染植物，多在生长中后期使用。

（2）配制时，取 1/3 的水配制石灰液，充分溶解过滤备用。

（3）取 2/3 的水配制硫酸铜液，充分溶解过滤备用。

（4）将硫酸铜液倒入石灰液中或将硫酸铜液、石灰液分别同时倒入同一容器中，并不断搅拌。质地优良的波尔多液为天蓝色胶体悬浮液，呈碱性，比较稳定，黏着性好。配制不好的波尔多液，沉淀很快，清水层也较多。注意加入溶液顺序，不能颠倒，否则易发生沉淀。

2. 使用方法

（1）喷洒时间。在晴朗、无露水的时间喷洒，夏季在下午 5 时后喷洒，避开中午高温强光时分，以保证喷洒后叶片保持干燥，否则易灼伤叶片。

（2）喷药方法。细致全面，树干的上下、叶片的正反面、果实均要喷到。

3. 注意事项

（1）配制时，必须选用洁白成块的生石灰，硫酸铜选用蓝色有光泽、结晶成块的优质品。

（2）配制时不宜用金属器具，尤其不能用铁器，以防发生化学反应降低药效。

（3）配制后放置过久会发生沉淀，产生不定性结晶，降低药效。因此，波尔多液必须现配现用，不宜贮存。花期、花后、采果前 30 天不能使用，以防产生药害。药液中的重金属元素铜对人有害，喷药后需经 25 天以上才能采收。

（4）波尔多液是保护剂，应在核桃发病前作预防使用，发病后再用一般效果不理想。

（5）波尔多液不能与石硫合剂、退菌特等碱性药液混合使用，使用间隔最少 15 天。

（6）喷完后及时漱口，用清水洗净接触过药液的皮肤。喷雾器用后立即清洗，然后倒挂。

附录3 核桃管理周年历

时间	节气	物候期	栽培管理措施	病虫害防治措施
1月	小寒 大寒	休眠期	1. 整形修剪：幼树重在培养主枝和树形（疏散疏层形5~7个主枝，分2~3层；自然开心形主枝2~4个），结果树修剪重在培养结果枝，盛果期以疏除病虫枝、过密枝、重叠枝、下垂枝为主 2. 土壤管理：早春改土，保墒，松土	1. 刮除老树皮，清除树皮中的越冬病虫，并兼治腐烂病 2. 喷5波美度的石硫合剂，防治黑斑病、炭疽病等多种病虫害 3. 在树干基部，刮平树干后，涂6~10厘米宽粘胶环，阻杀蚧壳虫的若虫；于根颈及表土喷50%辛硫磷乳油200倍液杀死土壤中的越冬若虫 4. 敲击树干硬皮缝中刺蛾茧、舞毒蛾卵块；清除石块下越冬刺蛾、瘤蛾、缀叶螟虫茧及土缝中舞毒蛾卵块
2月	立春 雨水			
3月	惊蛰 春风	萌芽期 开花期 展叶期	1. 建园栽植：栽植或补栽，做到"三埋、两踩、一提苗"；栽植密度，早	1. 树上挂半干枯核桃枝诱集黄须球小蠹成虫产卵，在羽化成虫前全部烧毁

212

续表

时间	节气	物候期	栽培管理措施	病虫害防治措施
3月	惊蛰春风		实核桃4米×5米、5米×6米，晚实核桃6米×8米、8米×8米 2. 圃地管理：播种育苗、嫁接、中耕除草，霜冻前熏烟防冻 3. 水肥管理：花前灌水，每株施尿素0.7千克、过磷酸钙0.9千克、硫酸钾0.25千克（盛产期施肥量，下同，其他时期适当增减）	1. 树上挂半干枯核桃枝诱集黄须球小蠹成虫产卵，在羽化成虫前全部烧毁 2. 喷3~5波美度石硫合剂防治蚧壳虫、黑斑病、炭疽病、腐烂病等；用50%甲基硫菌灵可湿性粉剂、50%多菌灵可湿性粉剂50~100倍液涂刷树干预防腐烂病感染
4月	清明谷雨	萌芽期开花期展叶期	4. 保花保果：盛花期喷300倍硼砂加蜂蜜或红糖，提高坐果率 5. 人工授粉：雌花柱头开裂并呈倒八字形张开，柱头分泌大量粘液时，将花粉与水按1:5 000配成水悬液喷洒，提高坐果率 6. 疏花疏果：萌动前20天内疏除全树90%~95%的雄花，雌花子房发育到直径1~1.5厘米时疏果，冠内留果均匀（60~100个/m²）	1. 喷25%噻嗪酮可湿性粉剂2 500倍液防治蚧壳虫。 2. 早晨振动树干人工捕杀金龟子成虫。 3. 喷2.5%氯氟氰菊酯乳油或2.5%溴氰菊酯乳油1 500倍液，防治舞毒蛾、木橑尺蠖幼虫 4. 剪除不发芽、不展叶的虫枝，消灭小吉丁虫、黄须球小蠹幼虫；剪除的虫枝集中烧毁 5. 雌花前后喷50%甲基硫菌灵可湿性粉剂500~800倍液；喷半量波尔多液（1:0.5:200）1~3次防治黑斑病；用倍量波尔多液（1:2:200）交替喷洒防治炭疽病；用50%多菌灵可湿性粉剂、65%代森锌可湿性粉剂200~300倍液涂抹嫁接、修剪伤口防止腐烂病菌侵染。防治炭疽病、黑斑病、腐烂病，在生长期每15天左右喷1次药

时间	节气	物候期	栽培管理措施	病虫害防治措施
5月	立夏 小满	果实 膨大期	1. 苗圃及高接管理：抹除砧木萌芽条、高接树绑缚枝干支架防风折、芽接法嫁接。 2. 中耕除草：适时进行松土（中耕深度10~20厘米，以不伤或少伤根为宜） 3. 叶面追肥：0.3%尿素水溶液 4. 水肥管理：适时灌水、中耕除草，幼果期（6月）每株施尿素0.4千克、过磷酸钙0.5千克、硫酸钾0.15千克	1. 举翅蛾：树盘覆土阻止成虫羽化出土，喷50%辛硫磷乳油800倍液，每15天左右喷1次，连喷3~4次 2. 木橑尺蠖：晚上用灯光或堆火诱杀成虫 3. 芳香木蠹蛾：用50%杀螟磷乳油30~50倍液注入虫道，用泥土封口杀幼虫，或用毒棉签塞入虫道封杀幼虫 4. 横沟象：人工捕杀成虫和刨开根颈部的土，用浓石灰浆涂封根际防止产卵
6月	芒种 夏至	花芽 分化 及 硬核期	5. 夏季修剪：抹芽、除萌、摘心和疏枝（去掉过密枝、重叠枝、竞争枝），改善通风透光，促进养分积累和结果枝形成	1. 云斑天牛：人工捕杀成虫、硬卵、灯光诱杀成虫、用棉球蘸50%辛硫磷乳油或90%晶体敌百虫10~20倍液塞虫孔 2. 芳香木蠹蛾：人工捕杀、黑光灯诱杀成虫；于根颈部喷50%辛硫磷乳剂400倍液杀幼虫 3. 用灯光诱杀木橑尺蠖、瘤蛾成虫，人工捕杀横沟象成虫 4. 小吉丁虫、黄须球小蠹：喷2.5%溴氰菊酯乳油2 000倍液杀死成虫，诱饵枝烧毁 5. 溃疡病、枝腐病、褐斑病：树干涂白，喷石灰倍量式波尔多液100倍液

时间	节气	物候期	栽培管理措施	病虫害防治措施
7月	小暑 大暑	核仁充实期	1. 芽接管理：对芽接进行检查及时补接（7月） 2. 土壤管理：保持园地土壤疏松无杂草 3. 水肥管理：低洼易积水地，提前挖排水沟排水，硬核期（7月）每株施尿素0.4千克、过磷酸钙0.5千克、硫酸钾0.15千克 4. 病虫果处理：捡拾落果，采摘虫果、病果集中深埋 5. 整形修剪：抹芽、除萌、摘心和疏枝，采后疏除过密大枝，剪除干枯枝、病虫枝，回缩衰老枝	1. 举肢蛾幼虫：捡拾落果、采摘虫害果，集中深埋 2. 树干上绑草诱杀瘤蛾，人工捕杀、灯光诱杀云斑天牛、芳香木蠹蛾成虫 3. 横沟象、举肢蛾成虫：喷25%氯氟氰菊酯乳油、2.5%溴氰菊酯乳油1 000倍液 4. 芳香木蠹蛾幼虫：撬开被害部树皮捕杀，根颈部喷50%辛硫磷乳剂400倍液 5. 刺蛾、瘤蛾、木橑尺蠖幼虫、小吉丁虫：喷2.5%溴氰菊酯乳油1 500~2 500倍液 6. 褐斑病：喷200倍石灰倍量式波尔多液，或70%甲基硫菌灵可湿性粉剂800倍液
8月	立秋 处暑	成熟前期	6. 旺树控制：对长势较旺的树采用800~1 000倍多效唑于8月底至9月初进行叶面喷施，促进木质化，提高抗寒性 7. 采收时期：青皮变为黄绿色或浅黄色，部分果实顶部出现裂缝，青皮易剥离，少量成熟种子已自然脱落时采收	1. 木橑尺蠖幼虫：喷2.5%溴氰菊酯乳油1 500~2 000倍液、2.5%溴氰菊酯乳油800倍液 2. 瘤蛾二代、刺蛾：喷90%晶体敌百虫800倍液，或2.5%溴氰菊酯乳油1 500~2 000倍液 3. 芳香木蠹蛾幼虫：用40%乐斯本乳油30~50倍液注入虫道内并用泥土封严 4. 横沟象成虫：人工捕杀和喷50%辛硫磷乳油、2.5%溴氰菊酯乳油800倍液 5. 褐斑病：喷70%甲基硫菌灵可湿性粉剂800倍液

时间	节气	物候期	栽培管理措施	病虫害防治措施
9月	白露 秋分	采收期	8. 采收方法：树冠低矮时，可直接手工采摘；树冠高大时，用竹竿敲击果实所在枝条或直接击落果实，敲打时应从上至下，从内向外顺枝进行，防止枝条劈裂、损伤枝芽	采果后结合修剪去除枯死枝、病虫枝，防治小吉丁虫幼虫、黄须球小蠹成虫、黑斑病、炭疽病、枝枯病、褐斑病等，剪除的病枝要集中烧毁
10月	寒露 霜降	落叶期	每株施有机肥100千克、尿素0.5千克、过磷酸钙0.6千克、硫酸钾0.2千克，进行树干涂白（高度60~100厘米，用生石灰5千克、水15千克、食盐0.5千克、油脂0.5千克、石硫合剂0.5千克配制）	防治腐烂病、枝枯病、溃疡病、刮除病斑，刮口涂抹70%甲基硫菌灵可湿性粉剂，或3波美度石硫合剂，或硫酸铜溶液消毒伤口。刮皮范围应超出病组织1厘米左右；刮口光滑严整，刮除病皮集中烧毁
11月	立冬 小雪	休眠期	清除杂草和落叶、捡拾落果并销毁，树盘翻耕，刮除粗老树皮，清理树皮缝隙，灌水，根部培土等	1. 人工挖除越冬态的幼虫、蛹、卵 2. 刨开根颈周围的土，用50%辛硫磷乳油5倍液喷根颈部后封土。铲除的杂草、落叶等集中烧毁
12月	大雪 冬至			

参考文献

［1］梁臣．核桃优质丰产栽培［M］．北京：中国科学技术出版社，2017．

［2］任成忠．中国核桃栽培新技术［M］．北京：中国农业科学技术出版社，2013．

［3］徐达勋，李东艳，刘玲英．核桃优质高效栽培与果园管理［M］．北京：中国农业科学技术出版社，2019．

［4］赵红茹．优质核桃丰产栽培技术［M］．陕西：西北农林科技大学出版社，2019．

［5］赵胜超，陈勇，徐文华．核桃栽培与病虫害防治新技术［M］．北京：中国农业科学技术出版社，2017．

［6］张美勇．核桃高效栽培关键技术［M］．北京：机械工业出版社，2019．

［7］张志华，裴东．核桃学［M］．北京：中国农业出版社，2018．